필립 짐바르도 자서전

Original Title : ZIMBARDO. MEMORIE DI UNO PSICOLOGO
Published in English by the Stanford Historical Society.

ZIMBARDO

'스탠퍼드 교도소 실험'으로 20세기를 뒤흔든 사회심리학의 대가

필립 짐바르도 자서전

필립 짐바르도 지음
정지현 옮김

이 구술 기록oral history은 스탠퍼드역사학회의 구술사(사건 또는 역사를 경험한 사람들과의 인터뷰를 통해 증언을 녹음하고, 그 구술 증언에 의거해 역사를 연구하고 서술하는 방법) 프로그램과 스탠퍼드대학교 아카이브와의 공동 작업으로 진행되었습니다.

구술 기록은 인터뷰이가 과거의 사건을 떠올리고 되새긴 이야기의 기록입니다. 개인의 기억에 의존한 것으로, 최종적이거나 완전한 서술이 아닙니다. 사실 관계가 확인된 이야기도 아닙니다. 그저 인터뷰어의 질문에 대한 인터뷰이의 답변으로 구성된 문서로 대단히 개인적일 수 있습니다.

인터뷰이는 과거나 현재 스탠퍼드대학교와 관계를 맺고 있지만, 그들의 견해가 스탠퍼드대학교를 대표하지는 않습니다.

이 기록물은 녹취록을 기반으로 작성된 것이며, 담당자가 가독성을 높이는 방향으로 편집했습니다. 따라서 녹취록이 녹음물과 일치하지 않을 수 있음을 알립니다.

CONTENTS

PART 3
스탠퍼드 임용, 새로운 연구와 교수 생활, 집필

PART 4
새롭고 독창적인 탐구의 시작

PART 5
기이한 미국의 시대: 새로운 생각과 성취

PART 6
새로운 비전의 탄생

PART 7
돌아보며, 자부심 가득한 미래를 꿈꾸며

부록

PART 1

유년기와 주요 사건

INTERVIEW DATE
20160509

가난이 내게 가르쳐준 것들

'리더'와 '추종자'로 이루어진 세상

고등학교 동창 스탠리 밀그램을 추억하며

역사상 가장 비윤리적인 심리 실험

선과 악의 경계에서 악으로 넘어간 아이들

인생을 뒤흔든 4번의 오해

가난이 내게 가르쳐준 것들

가족과 어린 시절 이야기를 부탁드립니다.

제 이야기는 지중해에 위치한 섬 시칠리아에서 시작됩니다. 팔레르모Palermo 근처 캄마라타Cammarata와 카타니아Catania 근처 아기라Agira가 바로 그곳이죠. 아기라는 외가 쪽이고 캄마라타는 친가 쪽입니다.

제 이름은 친할아버지의 성인 필리포 짐바르도Filippo Zimbardo를 따른 것입니다. 외할아버지는 구두장이였고, 친할아버지는 이발사였죠. 양가 모두 가난해서 제대로 된 교육을 받지 못했어요. 그런데 20세기 초 시칠리아에 이민 붐이 불어 양가 모두 미국으로 건너오게 되었죠. 덕분에 부모님은 미국에서 태어났고, 저는 이탈리아계 미국인 2세대가 되었습니다.

우리집은 늘 가난했어요. 아버지가 일하는 걸 무척 싫어하셨거든요. 그도 그럴 것이 아버지는 위로 누나만 일곱 명인 아들이 귀한 집에서 태어나 극진한 대접을 받으며 자랐대요. 고모들은 평생 아버지를 귀여워했죠. 중년이 훌쩍 넘었는데도 어린아이 취급을 할 정도였어요. 덕분에 아버지는 일하는 것보다 대우받는 걸 좋아했어요. 경제적으로 어려울 수밖에 없는 환경이었죠.

부모님이 너무 일찍 결혼한 것도 문제였어요. 결혼과 동시에 아이 넷을 연달아 낳았으니 얼마나 힘들었을지 안 봐도 훤하잖아요.

저는 대공황인 1933년 3월 23일에 태어나 사우스브롱크스South Bron에서 자랐습니다. 뉴욕의 대표적인 빈민가죠. 어린 시절에는 그곳이 우범지역인지도 몰랐어요. 우리에겐 그저 좋기만 한 동네였으니까요.

물론 형편은 매우 어려웠죠. 아버지의 길어진 실직으로 말미암아 나라에서 나오는 보조금으로 생활해야 했거든요. 음식은 푸드뱅크에서, 의복은 자선 옷 가게에서 해결했습니다. 모든 것이 공짜로 주어졌죠. 어린 나이지만 많이 창피했어요. 가난한데 열심히 살지도 않았으니 부끄러울 수밖에요.

자선 옷 가게에서 있었던 이야기를 하나 해줄까요? 그곳에서 옷더미를 뒤지고 있던 어느 날이었습니다. 다 똑같아 보이지만 그래도 좀 더 좋은 옷을 고르려고 애를 쓰고 있었죠. 그런데 한 남자가 다가와서 이렇게 소리쳤습니다.

"거지 주제에 고르긴 뭘 그렇게 골라. 아무거나 집어서 빨리 사라지지 못해!"

"난 거지가 아니에요. 이건 아저씨 직업이잖아요. 이렇게 무례하게 굴라고 돈 받는 거 아니잖아요."

뭐 대충 이렇게 말했던 것 같아요. 가난한 사람들이 끄집어내기 싫어하는 빈곤의 단면이죠. 가난 때문에 느끼는 굴욕감 같은 것.

그 후 전쟁이 났고 아버지는 전자제품에 관심이 생겼습니다. 관련 지식은 없었지만 경력 있는 동업자를 만나 작은 라디오 판매점을 열었고 돈을 벌기 시작했습니다.

이스트 151번가 1005번지, 당시 살던 아파트 주소입니다. 마침 아래층에 라디오 판매점을 하는 푸에르토리코인Puerto Rican[1])이 살고 있었어요. 아버지는 그에게서 기술을 배웠고, 1947년 배선도만 보고도 텔레비전을 만들 수 있게 됐습니다. 그때 기억이 아직도 선명하게 남아 있어요. 바로 전해인 1946년 텔레비전이 발명됐거든요.

아버지가 만든 작은 8인치 텔레비전으로 월드 시리즈를 봤어요. 야구장에 가서 경기를 보려면 아이들은 50센트를 내야 했는데, 집에서 공짜로 월드 시리즈를 볼 수 있다니….

1) 카리브해 대앤틸리스제도에 위치한 미국 자치령으로 그곳에서 태어난 사람들을 푸에르토리코인이라고 부른다.

"아버지, 이거 노다지예요. 잘하면 떼돈을 벌 수도 있겠어요. 이제 텔레비전을 만들 줄 알잖아요. 우리가 도와줄 테니 한 대 더 만들어요. 다들 텔레비전을 사고 싶어 난리예요."

흥분한 가족들과 달리 아버지는 심드렁했어요.

"싫다. 그냥 도전 삼아 해본 거야. 미안하지만 관심 없다."

아버지는 일하는 걸 아주 싫어하셨어요.

안타까운 일이었습니다. 결국 가난에서 벗어날 수 있는 방법은 공부밖에 없다는 것을 깨달았어요. 이런 사실을 아주 어릴 때 깨우쳤죠. 저는 학교를 무척이나 좋아했습니다. 그곳은 늘 질서정연하고 깨끗하게 정리정돈이 되어 있었죠. 혼란스러운 것도 없었고 무엇보다 가난을 잊을 수 있는 공간이었습니다. 당시 선생님들은 정말로 존경스러운 존재였어요. 진정한 영웅이었죠. 우범지역까지 찾아와 우리에게 공부를 가르쳐줬으니까요. 테이블 세팅하는 법, 개인 위생의 중요성 같은 기본적이지만 아주 중요한 생활 교육도 이끌어주셨죠. 교육이 얼마나 중요하고 특별한 것인지 깨달았고, 선생님들께는 매우 감사했죠.

1948년 브롱크스에 위치한 제임먼로고등학교James Monroe High School에서 학기를 끝내고 노스할리우드고등학교North Hollywood High School로 전학을 갔습니다. 온 가족이 캘리포니아주에 있는 노스할리우드로 이사를 했거든요. 아버지의 형제자매가 모두 그곳에 살고 있었죠.

우리 가족은 아주 작은 DC-3 비행기를 타고 이사를 갔습니다. 라과디아공항LaGuardia Airport에서 버뱅크Burbank까지 24시간이 걸렸어요. 비행기는 여러 곳을 경유하느라 중간에 서너 번 섰지만 어린 저는 그저 신날 뿐이었죠.

당시 캘리포니아 할리우드는 심각한 불황의 늪에 빠져 있었습니다. 영화가 비디오에 밀려날지도 모른다는 우려가 도시 전체 분위기를 암울하게 만들었거든요. 결국 우리 가족은 캘리포니아를 떠나야 했습니다. 그곳에는 아버지가 할 만한 일이 딱히 없었어요. 환경은 아름다웠지만 뉴욕에서 살 때보다 더 가난해졌죠.

캘리포니아는 정말로 아름다운 곳이었습니다. 사방이 콘크리트와 강철, 아스팔트뿐인 브롱크스에서 살다 왔으니 그곳이 얼마나 좋았겠어요. 하지만 천국 같은 캘리포니아에서의 생활은 개인적으로 지옥과 다름없었습니다.

당시 생활이 지옥이었던 이유는 뭔가요?

과거로 쭉 거슬러 올라가야겠네요. 1938년 11월, 다섯 살 무렵 폐렴과 백일해에 걸렸습니다. 백일해는 전염병이죠. 당시 빈민가는 집이 다닥다닥 붙어 있어서 전염병이 돌 수밖에 없는 구조였어요. 전 세계 어느 빈민가나 마찬가지죠.

당시 전염병에 걸린 아이들은 뉴욕에 있는 윌러드파커병원Willard Parker Hospital으로 모였습니다. 아이들의 병이 완치될 때까지 입원시키는 게 당시 정부의 방침이었죠.

저는 1938년 11월부터 1939년 4월까지 6개월 동안 그 병원에 입원해 있었어요. 문제는 약이 없었다는 거예요. 페니실린과 설파제sulfonamide, 항균제가 발명되기 전이었거든요.[2] 사실 그 병원에는 디프테리아, 성홍열, 소아마비 등 온갖 질병에 걸린 아이들을 치료할 방법이 없었어요. 환자들을 그냥 온종일 침대에 눕혀 놓는 게 전부였습니다. 침대 스트레칭이나 물리치료라는 개념조차 없을 때라서 말 그대로 자리에 누워만 있었죠. 근육은 자꾸 위축되고, 옆 침대에서 다른 아이들은 계속 죽어 나가고…. 그 긴 방에 침대가 끝도 없이 늘어서 있던 게 아직도 기억납니다.

가끔 의사들이 와서 차트를 보고 건강 상태를 물으면 아이는 이렇게 말하죠.

"아, 끔찍해요."

그러면 의사는 차트에 무언가를 표시합니다. 그다음에는 간호사들이 오는데 그녀들이 하는 일이라고는 체온을 재는

2) 페니실린은 1928년에 발명되었지만 1942년까지 감염 치료에 사용되지 않았다. 세균성 질환을 치료하는 데 쓰이는 설파제, 즉 술폰아미드 실험은 1932년에 시작되었다.

것뿐이죠. 아침에 일어난 아이가 간호사에게 묻습니다.

"간호사님, 빌리가 안 보이는데 녀석은 어디 있어요?"

"아, 집에 갔어."

"왜 작별 인사도 안 하고 갔어요?"

"급하게 갔거든."

다음 날 아침에는 메리의 침대가 비어 있습니다. 순간 아이는 친구들이 죽어가고 있다는 것을 깨달아요. 어른들이 거짓말을 하고 있다는 사실도 압니다. 아이들에게 차마 "어젯밤 네 친구인 빌리가 죽었단다"라고 전할 수 없으니 집으로 돌아갔다고 이야기한 거겠죠.

남은 아이들은 어쩔 수 없이 어른들이 만들어놓은 그 음모에 가담해야 했습니다. 집으로 돌아가고 싶지만 그런 식으로 귀가하길 원하는 아이들은 없었으니까요.

병원 생활은 외로웠습니다. 병실에 라디오나 텔레비전이 있는 것도 아니고, 그렇다고 가족으로부터 편지가 자주 오는 것도 아니었거든요. 집에 전화기가 없으니 전화 통화는 꿈도 꿀 수 없었죠.

결국 아이는 오매불망 면회시간만 기다립니다. 일요일에 딱 한 시간 주어지는 면회를 손꼽아 기다리는 거죠.

매주 일요일, 부모님은 형제자매를 데리고 병원으로 면회를 왔습니다. 가족과 저는 커다란 유리 벽 하나를 사이에 두고 서로

수화기를 든 채 대화를 주고받아야 했어요. 면회시간은 당연히 눈물바다가 되었죠.

저는 부모님이랑 집으로 돌아가고 싶어서, 가족들은 제 몰골을 보고 가여워서 울었습니다. 모습이 정말 말이 아니었거든요. 숨쉬기도 힘들었기 때문에 음식을 먹는 게 말처럼 쉽지 않았어요. 당연히 살은 계속 빠졌죠.

눈이 오는 날에는 어머니가 면회를 올 수 없었습니다. 당시 어머니는 임신 중이었거든요. 일주일 내내 면회만 기다렸는데 가족이 아무도 오지 않는 거예요. 이번 주에는 올 수 없다고 당장 전화할 수 있는 것도 아니고, 그럴 때면 정말 우울했습니다.

어린 나이에 그런 상황을 어떻게 이겨냈습니까?

어른들의 방식으로 감당했죠. 의사도 부모님도 믿을 수 없다고 결론을 내렸어요. 의지할 건 나 자신과 신밖에 없다고 말이에요. 그래서 아침마다 기도했죠.

"하나님 아버지, 살려주세요. 저 너무 힘들어요. 살고 싶어요. 건강해지고 힘도 세지고 용감해지고 똑똑해지고 싶어요. 제발 도와주세요!"

당연히 "이제부터 착한 아이가 될게요"와 같은 말도 했겠죠. 낮에도 잠깐씩 "빨리 낫게 해주세요"라는 기도를 했고요. 매일 아침 아이들이 죽어 나가는 걸 보는 게 두려웠거든요.

사실 우리 가족은 종교가 없었어요. 불이 꺼지면 악마가 와서 잡아갈 아이를 고른다고 생각했죠. '신이라면 어린아이들을 죽이지 않을 거야. 그렇다면 악마에게 잡히지 않을 합리적인 전략은 무엇일까?' 하고 고민했습니다. 그래서 매일 밤 악마에게 기도했어요. 아직도 죄책감이 느껴지네요. 악마한테 이렇게 기도했거든요.

"여기 보세요. 나 말고도 많은 아이가 있잖아요. 다들 착한 아이들이에요. 하지만 누군가를 꼭 데려가야 한다면 저를 데려가지는 마세요."

그러고 나서 이불을 덮고 잤어요. 그게 자기최면이었다는 걸 나중에 깨달았어요. 그런 기도를 하면 악몽에 시달리지도 않고 아침까지 푹 잘 수 있었거든요. 일종의 자기암시죠. 나중에는 이 기술을 완벽하게 다듬었죠.

'리더'와 '추종자'로 이루어진 세상

입원해 있는 동안 성격이 많이 바뀌었나요?

네. 입원해 있는 동안 자립적인 성격의 아이가 됐어요. 기운이 없고 여윈 상태로 퇴원했지만 집에 돌아가게 되어 정말 행복했죠. 그런데 집 밖으로 나가면 상황이 달라졌어요. 동네 아이들이 욕하고 소리 지르며 저를 쫓아오곤 했거든요. 무슨 말인지 몰랐는데 나중에 알고 보니 "더러운 유대인 놈!"이라는 소리였죠. 어떤 변명을 할 겨를도 없이 저는 계속 도망쳐야 했고, 쫓아오는 아이들보다 더 빨리 달려야만 했습니다. 덕분에 훌륭한 달리기 선수가 될 수 있었죠. 고등학교는 물론 브루클린대학교에서도 육상부 주장을 맡았을 정도니까요.

일곱 살 무렵에야 동네 아이들이 괴롭힌 이유를 알게 됐죠. 그것도 아주 우연한 기회에 말이에요. 당시 제가 살던 아파트 관리인에게는 찰리 글래스포드Charlie Glassford라는 이름을 가진 제 또래의 흑인 아들이 있었습니다.

어느 날 어머니가 지나가는 찰리의 손을 잡고 저를 교회에 데려가 달라고 부탁했습니다. 그러자 찰리는 몹시 당황한 표정으로 이렇게 말하더군요.

"앤 교회 못 데려가요. 유대인이잖아요."

깜짝 놀란 어머니가 말했어요.

"아니, 우린 가톨릭 신자야."

"맙소사, 정말요? 우린 지금까지 얘가 유대인인 줄 알고 때리고 괴롭혔는데…."

생김새가 유대인과 비슷해서인가요?

네. 어린 시절 마르기도 했고, 보시다시피 파란 눈동자에 커다란 코를 가지고 있잖아요. 동네에 여러 민족의 아이들이 살고 있었는데, 그들이 생각한 유대인의 이미지와 제가 맞아떨어진 겁니다. 51번가 동쪽에 사는 7~10세 아이들이 가지고 있는 아주 끔찍한 편견이었죠.

어머니는 다시 강조하듯 말씀하셨어요.

"아니, 애는 가톨릭 신자야."

그제야 찰리는 사과를 했습니다.

"세상에나! 알겠어요. 정말 죄송해요."

그 후 동네 아이들은 저를 자기들 패거리에 넣어주겠다고 하더군요. 하지만 갱단에 들어가려면 반드시 치러야 하는 몇 가지 의식이 있었어요. 저보다 앞에 들어온 아이와 싸움을 해야 했죠. 둘 가운데 한 명이 코피가 나거나 항복할 때까지 말이에요. 그런 다음 도둑질을 해야 했고요. 패거리는 우리를 가게 창문으로 밀어 넣어 식료품이나 과일을 훔치게 했어요. 종종 나무 위에도 올라가야 했죠. 패거리들이 우리 운동화를 벗겨서 나뭇가지에 집어던졌거든요. 마지막에는 속옷 가게로 가야 합니다. 난간 아래 서서 여자 치마 속을 올려다본 소감을 말해줘야 했거든요. 그런데 정말 아무것도 안 보였어요. 그곳은 아주 캄캄했거든요. 이건 아이들의 원시적 의식이었습니다.

덕분에 당시 세상이 '리더'와 '추종자'로 이루어져 있다는 사실을 깨달았습니다. 어느 순간 추종자로 살고 싶지 않다는 생각이 들었어요. 바보 같은 리더가 시키는 대로 해야 하는 게 싫었거든요. 제가 우두머리가 돼서 좋은 일을 하는 게 맞겠다 싶더군요.

여덟 살 무렵부터 리더로 선택되거나 리더가 되는 아이들의 특징이 뭔지 연구하기 시작했습니다. 일명 '힘을 갖게 된 사람' 말이에요. 그러자 리더들에게 공통적으로 나타나는 아주 단순한 특징이 보이더군요.

리더들은 늘 먼저 나서서 말하고 문제의 해결책을 제시했어요. 그리고 그 옆에는 덩치 크고 힘센 조력자가 있었죠. 덕분에 그들은 반항을 잠재우거나 몸 쓰는 문제에 직접 나서지 않아도 됐죠. 정말 좋은 리더는 농담도 할 줄 알았어요. 이런 특징을 알아챈 뒤로 제 것이 될 때까지 흉내 내기 시작했는데, 어느 순간부터 자연스럽게 리더의 행동이 나오더군요.

남자아이들의 또래 문화에서 중요한 것이 또 하나 있었습니다. 키가 커야 한다는 거였죠. 대부분 문화에서 키가 큰 리더는 평균 키를 가졌거나 작은 키를 가진 사람보다 더 많은 존중을 받아요. 제 생각에는 미국 대통령마저 그런 것 같더군요. 큰 키는 개인적으로 이점이 되어 주었죠.

결국 학교에서 리더가 됐습니다. 아무것도 못하는 아픈 아이에서 힘이 꽤 센 아이로 변신했죠. 열두 살 때는 주말마다 친구 도미닉과 시골로 하이킹을 떠나 황야에서 하룻밤을 자고 왔어요. 작은 텐트를 치고 침낭에서 잠을 잤죠. 그 황야는 뉴저지New Jersey였죠. 조지워싱턴다리를 건너 오른쪽으로 가면 티넥Teaneck, 테나플라이Tenafly, 크레스킬Cresskill 세 지역이 나와요. 지금은 다 개발되었지만 당시엔 시냇물이 흐르고 샘물이 있는 숲이었어요.

우리는 매주 금요일 밤 그곳에 도착해 일요일 저녁 집으로 돌아왔습니다. 그렇게 짐을 많이 들고 다니다 보니 어느 순간 힘이 세지더군요.

당시 우리 가족은 세인트존 대로 920번지 아파트 5층에서 살았는데, 어머니는 제 근력을 키워주기 위해 깡통 제품을 잔뜩 넣은 배낭을 준비해주었어요. 그것을 등에 지고 5층을 오르내리게 했죠. 덕분에 체력이 좋아졌어요. 힘도 더욱 세졌고요. 비로소 리더의 자질을 갖추게 된 거죠.

저는 항상 여자아이들이 좋았어요. 여자아이들은 예쁘고 부드럽고 상냥하고 배려심도 많죠. 그래서 불편한 남자아이들 사이에서 몰래 빠져나와 같은 반 여자아이들과 롤러스케이트를 타러 다녔습니다. 그러면서 여자아이들이 어떤 가치를 중요하게 여기는지, 어떻게 유대관계를 맺는지 등을 이해하려고 노력했어요. 관찰 결과, 여자아이들의 대립은 물리적인 게 아니라 주로 언어적으로 이루어지더군요. 저는 그것도 레퍼토리에 추가했습니다. 배경 이야기가 너무 길어졌네요.

이제 노스할리우드고등학교로 돌아가 볼까요. 열네 살, 넘치는 자신감과 열정으로 새로운 학교생활을 시작했습니다. 노스할리우드고등학교는 정말 아름다웠어요. 그렇게 아름다운 학교는 처음이었죠. 학기 초 선생님도 없는 강당에 학생들이 모여 있는데 누군가 말하더군요.

"우리는 오페라 〈더 미카도〉를 준비하고 있어. 출연하고 싶은 사람은 지원해. 배역은 ○○, ○○야."

저는 무대에 서는 걸 좋아해요. 예전에 연극을 많이 해봤거든요. 그래서 '세상에…. 죽인다. 천국이 따로 없네!'라고 생각했죠. 어떻게 이보다 더 좋을 수 있겠어요? 당연히 새 학교에서도 도전해 보기로 했죠.

그런데 수업에 들어가면 옆에 있던 아이들이 자꾸 다른 자리로 가버리는 겁니다. 도무지 이유를 알 수 없어 당황했죠. 학생식당에서도 마찬가지였어요. 가볍게 인사를 건네면 같은 테이블에 앉아 있던 아이들이 전부 딴 데로 가버렸죠. 이런 일이 매일 반복됐어요.

아이들이 피하는 이유를 알 수 없었어요. 그저 '내가 이상해서 그런 건 아닐 거야. 이렇게 멋진 사람인데'라고 스스로를 위로했죠. 매일 왕따를 당했지만 어떻게 해결해야 할지 모르겠더군요.

부모님에게는 이런 상황을 말씀드리기가 어려웠어요. 창피하기도 했고 부모님이 알아도 딱히 도와줄 수 있는 방법이 없을 테니까요. 덕분에 심인성 천식이 생겼습니다. 그때는 천식이 정신적 요인으로 생기는 병이라고 여겨지기 전이었어요.[3] 치료받을 형편이 안 되니 밤

3) 천식이 심인성 질병이라는 주장에는 여전히 찬반 논쟁이 있다(Mayo Clinic, "Asthma," https://www.mayoclinic.org/diseasesconditions/asthma/symptoms-causes/syc-20369653).

새 기침을 해댈 수밖에 없었죠. 숨쉬기가 힘들어 그렇게 좋아하는 학교도 자주 빠져야 했습니다. 천국이었던 학교가 해로운 곳이 되어버렸으니까요.

제 천식 때문에 우리 가족은 브롱크스로 되돌아가기로 결정했습니다. 하지만 솔직히 이는 그럴듯한 핑곗거리에 불과했어요. 아버지가 또 일을 안 하고 있었거든요. 돈이 되지 않는 하찮은 일만 전전할 뿐이었죠. 그런 아버지에게 제 천식은 좋은 명분이 되어 주었습니다.

그해 6월, 우리 가족은 캘리포니아를 떠났습니다. 작은 자동차에 여섯 식구가 탔으니 얼마나 비좁았겠어요. 하지만 우리는 그 상태로 미국을 횡단했죠. 로스앤젤레스에서 66번 도로를 이용해서 시카고까지 갔어요. 매일 몇 마일을 갔는지, 기름 값과 숙박비, 간식비로 얼마를 썼는지 등을 기록했죠. 아직도 그 기록을 가지고 있습니다.

열여섯 살이 되면 운전면허증을 딸 수 있는데, 당시 면허증을 딴 지 얼마 안 됐을 때였어요. 아버지는 제게 모든 주에서 30분씩 운전하도록 허락해주셨죠. 그게 노스할리우드에서 유일하게 좋았던 점이었습니다.

우리는 캘리포니아를 떠났지만 브롱크스로 돌아가진 않았습니다. 살 집이 없었거든요. 결국 젬마 이모가 있는 필라델피아로 갔습니다. 가족의 대모인 이모와 함께 살기로 한 거죠. 이모의 남편은 나이 많은 이탈리아 남자로 벽돌공이었는데 "우리 집에서 살려면 일을 해야 한다. 일할 생각이 없으면 먹지도 마!"라고 이야기했죠. 그리고 우리 가족에게 벽돌 나르는 일을 시키더군요. 정말이지 끔찍한 일이었습니다.

고등학교 동창 스탠리 밀그램을 추억하며

브롱크스로는 언제 돌아갔나요?

1948년 브롱크스로 돌아갔습니다. 나무가 많고 공기 좋은 노스할리우드에서 지저분한 구시가지 브롱크스로 돌아갔는데, 천식이 싹 사라졌어요. 역시 심인성이 맞았다니까요!

여름이 지나 9월이 됐고 제임스먼로고등학교로 돌아가 학업을 시작했죠. 고등학교 졸업반이 시작되었는데, 두 달 만에 같은 학년에서 가장 인기 있는 학생으로 뽑히는 것도 모자라 학년 부회장이 되었습니다.

당시 같은 반에 덩치가 작은 유대인 남학생이 한 명 있었어요. 졸업 앨범에 실린 친구들 사진 옆에 열심히 글을 써준 친구였죠. 그가 제 사진 옆에 '부회장인 필 짐바르도는 키가 크고 마른 체격이다. 파란 눈으로 모든 여학생을 사로잡는다'라는 글을 써줬어요. 글귀를 보고 너무 감격해 이렇게 말했죠.

"스탠리, 정말 감동이다. 고마워!"

네, 그 녀석이 바로 스탠리 밀그램Stanley Milgram이었습니다.

마침 졸업반 때 그와 심화반 수업을 같이 듣게 되었어요. 어느 정도 친분이 쌓인 뒤 그에게 한 가지 고민을 털어놓았죠.

"스탠리, 정말 이상한 게 뭔지 알아? 내가 우리 학교에서 가장 인기 있는 남학생으로 뽑혔다는 거야. 몇 달 전만 해도 전교에서 가장 인기 없는 남학생이었거든."

그에게 캘리포니아에서 겪었던 일을 모두 말해줬어요. 모든 학생이 나를 피했고, 그런 상황에서 아무것도 하지 못했던 것을요.

아, 다시 그 이야기로 돌아가야겠네요. '도대체 왜 다들 나를 피했을까?'

친구들이 피한 이유를 어떻게 알게 되었나요?

노스할리우드고등학교에 전학 갔을 당시 야구부에 가입해 중견수를 맡았습니다. 어느 날 시합에 가기 위해 버스를 탔는데, 아마도 반누이스고등학교Van Nuys High School와의 시합이었을 겁니다. 버스 안에서 선수들과 이런저런 대화를 나누던 중 한 녀석에게 제 상황을 고백했죠.

"애들이 왜 그렇게 나를 싫어하는지 모르겠어."

"우린 너를 싫어하는 게 아니야. 그냥 네가 무서울 뿐이야."

"뭐라고?"

당시 저는 183센티미터의 키에 몸무게가 68킬로그램 정도로 깡마른 체격이었습니다. 단 근육질이라서 장타를 칠 수 있었죠.

"내가 무섭다고?"

"넌 뉴욕에서 온 시칠리아인이잖아. 마피아 집안 출신일 테니 당연히 위험하다고 생각하지 않겠어?"

"세상에나!"

이번에도 편견 때문에 그랬던 겁니다. 처음에는 유대인일 거라는 이유로 얻어맞더니 이젠 시칠리아 마피아일지도 모른다는 이유로 따돌림당하고 있었던 거죠.

"아니, 그건 사실이 아니야."

"글쎄, 하지만 돌이키기에는 너무 늦었어."

"그래, 엿이나 먹어라."

밀그램은 제가 자신감 없는 남학생에서 자신감 넘치는 남학생으로 변한 건지, 아니면 상황이 바뀐 건지 점검해 봐야 한다고 말했어요. 그리고 우리는 상황이 바뀐 거라는 데 동의했죠.

신기한 것은 그때가 1948년이었다는 거예요. 밀그램이 '상황이 개인적 성향에 미치는 힘'을 입증하기 위한 연구를 시작한 때는 1960년대 초반이었고요. 몇 년 뒤 저도 똑같은 내용을 보여주는 실험 결과를 내놓았죠. 밀그램과 달리 제 실험은 개인의 권위보다 개인이 어떤 역할을 맡게 되는 상황에 더 주목했지만요. 상황에서 비롯된 힘을 지배적이고 물리적이고 학대적으로 쓰게 된다는 내용이었죠.

이들 연구 모두 노스할리우드고등학교에서 따돌림당한 이유를 알아내려다가 시작되었습니다. 밀그램과 제가 '개인의 성격'보다 '상황의 힘'이 원인이라는 사실에 동의하면서 말이죠.

정말 놀라운 통찰력이네요. 두 사람 모두 상황론자였나요?

물론이죠. 밀그램이 내놓은 질문은 이렇습니다.

"어떤 상황에 놓이기 전, 당신이 그 상황에서 어떤 식으로 행동할 것인지 어떻게 알 수 있는가?"

1948년 고등학생이던 그는 종전이 멀지 않았음에도 늘 걱정이 많았어요. 자신이나 가족이 강제수용소로 끌려가면 어쩌나 하고 말이에요. 그런 밀그램을 보면서 다들 말했죠.

"스탠리, 바보 같은 생각하지 마. 그건 나치지. 우린 미국인이야. 미국인은 그런 짓 안 해."

그때 밀그램이 했던 대답이 아직도 귓가에 쟁쟁하네요.

"히틀러청소년단Hitler Youth을 만들기 전 나치도 같은 말을 했을걸. 사람은 누구나 스스로를 좋은 사람이라고 생각해. 다만 상황이 선한 행동과 나쁜 행동을 하게 만들 뿐이야. 사람들은 이런 현실을 너무 과소평가하고 있지."

"어떤 상황에 놓이기 전, 당신이 그 상황에서 어떤 식으로 행동할지 어떻게 알 수 있는가"라는 밀그램의 관점에 동의하게 되더군요. 우리 두 상황론자가 탄생한 지점이라고 말할 수 있죠.

아, 이 이야기도 해야겠네요. 처음에 밀그램의 연구[4]는 인정받지 못했어요. 특히 윤리적인 부분에서 많은 비난이 쏟아졌죠. 그가 그 실험을 한 이유는 예전부터 영화감독을 꿈꾸었기 때문이에요. 그는 이미 다수의 영화를 만들었는데, 사람들이 권력의 압박에 저항하다가 결국 굴복하는 모습을 보여주는 다큐멘터리 〈복종Obedience〉도 그중 하나죠. 그 다큐멘터리를 보면 사람들이 느끼는 불안과 불확실성, 걱정이 확연하게 드러납니다. 심리학 실험의 부정적 영향력도 처음으로 보여주었죠.

물론 이전에 독일 심리학자

4) 밀그램이 진행한 '권위에 대한 복종' 실험이다. 연구진은 피험자들에게 기억과 학습에 대한 실험을 진행할 예정이라고 설명한 뒤 그들에게 '선생님' 역할을 맡겼다. 그리고 단어를 정확하게 맞추지 못하는 '학생(배우)'에게 전기 충격을 가하도록 했다. 단, 실험에서 선생님과 학생은 분리되어 서로를 볼 수 없었다. 학생이 오답을 내놓을 때마다 전기 충격의 강도가 올라갔다. 강도에 비례해 고통스러워하는 학생의 신음 소리도 높아졌다. 물론 이 소리는 사전에 녹음된 것이었다. 밀그램의 실험은 사람들이 상대의 고통스러운 모습에도 불구하고 권위에 복종해 가치관에 어긋나는 행동을 한다는 사실을 보여주고 있다.

커트 르윈Kurt Lewin이 실험 비디오를 연구한 적이 있긴 하지만, 밀그램처럼 인간 본성의 부정적 측면을 끌어내는 실험은 아니었습니다. 하지만 안타깝게도 '권위에 대한 복종'은 비윤리적 실험이라는 데 초점이 맞춰졌죠. 윤리적 논란 때문에 본질이 가려져 버린 거예요. 그러다가 1971년 제가 문제의 '스탠퍼드 교도소 실험Stanford prison experiment'을 진행하게 됩니다.

스탠퍼드 교도소 실험이 끝나고 얼마 지나지 않은 노동절Labor Day, 9월 첫 번째 월요일-옮긴이 주말, 마침 미국심리학회American Psychological Association에서 세미나가 열렸습니다.

그 자리에서 저는 스탠퍼드 교도소 실험이 아니라 다른 연구와 관련한 강연을 진행하기로 되어 있었어요. 그런데 그 강연을 끝내기 전 불현듯 스탠퍼드 교도소 실험에 대한 이야기를 하고 싶다는 생각이 들더군요. 그래서 청중에게 "남은 몇 분 동안 완전히 다른 주제의 이야기를 하고 싶습니다. 제가 방금 끝낸 실험인데요…."라며 이를 설명하기 시작했습니다. "어떤 측면에서 보면 밀그램의 후속 실험이라고 할 수 있지만 개별적인 상황이 아니라 기관과 역할의 힘, 역할 놀이를 살펴보는 게 주된 목적입니다"라고 언급했던 기억이 나네요.

발표를 끝마쳤을 때 밀그램이 연단으로 올라왔어요. 평소 다정한 성격이 아닌데 무슨 일인지 두 팔을 벌려 저를 껴안더군요.

"아, 정말 고마워. 이제 비윤리적 실험에 대한 비난을 덜 수 있겠어. 앞으로는 자네 실험이 역대 가장 비윤리적인 실험이 될 테니까 말이야."

그 후에도 우리 두 사람은 계속 연락을 주고받았습니다. 당시에는 대부분 전화로 연락했죠. 다른 동료들과 그의 논문을 검토하기도 했고요. 안타깝게도 밀그램은 세 번의 심장발작을 일으킨 뒤 50세의 나이로 세상을 떠났습니다. 너무 일찍 떠났죠. 창의적인 연구를 하던 중이었는데 정말 안타까웠어요.

아, 스탠리 밀그램과 관련된 이야기를 하나 더 해야겠네요. 10년 전쯤 뉴욕시에서 심포지엄을 열었어요. 아마 동부심리학회Eastern Psychological Association였을 겁니다. 이미 세상을 떠난 유명 심리학자들의 생애와 업적을 다루는 자리였죠.

이를 위해 독일 출신의 미국 심리학자 쿠르트 레빈Kurt Lewin과 커뮤니케이션 연구자이자 사회심리학자 칼 호블랜드Carl Hovland, 귀인 이론Attribution theory으로 유명한 해럴드 켈리Harold Kelley 그리고 스탠리 밀그램의 걸출한 제자들이 한자리에 모였습니다. 밀그램의 제자였던 존 사비니John Sabini도 그중 한 명이었죠.

사실 밀그램은 인지부조화 이론으로 유명한 엘리엇 애런슨Elliot Aronson이나 레온 페스팅거Leon Festinger에 비해 상대적으로 제자가 많지 않았어요.

그 이유가 뭔가요?

이유는 정확히 모르겠습니다. 밀그램이 학생들의 공을 인정해주지 않아서일 수도 있어요. '권위에 대한 복종' 실험을 진행할 당시 밀그램은 16~19가지로 조건을 바꿔 가면서 수천 명을 실험했는데, 이 작업을 도와준 학생들 가운데 한 명도 그 공을 인정받지 못했거든요. 밀그램은 피험자들을 직접 테스트하지도 않았죠. 고등학교 생물 교사에게 관리를 맡겼는데, 그 교사의 이름이 각주에만 들어갔습니다. 대학원생은 출판을 해야 합니다. 그게 학계에서 성공할 수 있는 유일한 길이죠. 상황이 이렇다 보니 스포트라이트를 독차지한다는 소문이 퍼졌을 수도 있어요.

당시 사비니는 밀그램과의 연구가 얼마나 멋진 일이었는지를 회상했죠. 그런데 그 자리에 참석했던 몇몇 사람이 연달아 한탄을 하는 겁니다.

"도대체 무슨 말인지 모르겠군요. 그는 정말 비열한 개자식이었는데…." "솔직히 저는 그의 수업을 듣는 것은 물론 같이 연구하는 것도 싫었어요." "그와 관련된 나쁜 이야기를 들려드리죠" 아마 서너 명이 이런 말을 했던 것 같아요. 그런데 또 다른 누군가가 손을 들더니 이렇게 말했어요.

"어떻게 이런 말을 할 수 있죠? 그처럼 친절하고 자상한 분은 없었어요. 돌아가셨다는 소식에 얼마나 마음이 아팠다고요."

깜짝 놀라 그에게 물었습니다.

"잠깐만요, 잠깐만…. 그럴 리가 없는데, 스탠리 밀그램하고 언제 연구했나요?"

그가 첫 심장마비를 일으킨 후였다고 대답하더군요.

네, 맞아요. 밀그램은 분명히 변했어요. 심장마비가 오기 전에는 개자식이었는데 심장이 한 번 멈추고 나서는 다정한 사람이 되었죠. 과학적으로 증명할 수는 없지만 정말로 그랬습니다.

밀그램에게는 무슨 일이 있어도 반드시 목표를 이루어내고야 말겠다는 강력한 의지가 있었어요. 평가적이고 고압적이고 지배적인 성격이 이를 뒷받침해 주었죠. 문제는 이 성격 때문에 주변의 지지를 받지 못했다는 거예요. 예일대학교에서 끝내 종신재직권Tenure을 얻지 못한 것만 봐도 알 수 있잖아요.

다른 종신재직권을 얻기 위해 밀그램은 예일대학교를 떠나 하버드대학교로 갔습니다. 당시 심리학과는 이 두 곳을 최고로 여겼거든요. 안타깝게도 하버드 교수진 역시 반으로 나뉘었어요. 절반은 그를 지지하고 나머지 절반은 반대편에 섰습니다. 성격심리학 창시자인 고든 올포트Gordon Allport는 그를 지지한 것으로 알고 있어요. 하지만 하버드대학교에서도 결국 종신재직권을 따내지 못했어요. 두 대학에서 모두 꿈이 좌절된 거죠.

결국 밀그램은 생긴 지 얼마 안 된 뉴욕시립대학교City University of New York 교수로 가게 됐습니다. 다른 사람들이 보기에는 좌천이었죠. 하지만 그는 좌절하지 않고 뉴욕으로 돌아간 기회를 최대한 이용했습니다. 고향인 그곳에서 '도시 스트레스'에 대한 연구를 시작했거든요. 그동안 어느 누구도 다루지 않은, 연구되지 않던 주제였어요.

스탠리 밀그램이 학계와 갈등을 겪고
종신재직권을 받지 못한 이유는 무엇인가요?
사람들이 그의 연구에 담긴 윤리적 의미를 불편해했기 때문인가요?
그 반발심은 어디서 비롯된 거죠?

비윤리적인 실험을 했기 때문입니다. '권위에 대한 복종' 실험 말이에요. 대학이 그렇게 사람을 해치는 일을 해서는 안 된다는 여론이 팽배했죠. 당시 하버드대학교 교수였던 허버트 C. 켈만Herbert C. Kelman 역시 밀그램의 실험을 비난했어요. 마침 그는《복종의 범죄Crimes of Obedience》를 쓰고 있었거든요. 두 사람 모두 '복종'에 대한 연구를 했지만 관점이 전혀 달랐어요. 허버트 C. 켈만은 '복종의 부정적 부분'에 초점을 맞춘 반면, 밀그램은 '개인이 권위에 복종해 도덕적 양심에 어긋나는 행동을 하게 되는 이유'를 알아보려고 했죠. 하지만 사람들은 그런 점을 간과하고 밀그램에게 "비윤리적인 실험으로 피험자를 고통으로 몰아넣었다" "사람을 해쳤다"라고만 말했습니다.

안타깝게도 1960년대에는 디브리핑debriefing, 즉 해명을 하지 않았습니다. 디브리핑은 실험 종료 후 실험에서 발생한 내용을 피험자에게 설명하는 과정이에요. 연구의 진짜 목적과 절차상의 취지 등을 밝혀 실험에 참가한 사람들에게 발생할 수 있는 부작용을 최소화하려는 절차입니다.

밀그램의 실험은 단계에 따라 다르지만 보통 45~55분 정도 걸렸어요. 해명할 시간이 많지 않았죠. 당시 실험에서 전기 충격을 받은 것처럼 연기한 학생들은 연구진에게 미리 고용된 사람이었습니다. 마지막에 실험자와 공모자가 나와 이렇게 말했죠.

"당신은 실제로 상대방에게 전기 충격을 가한 게 아닙니다. 학생 역할을 맡은 사람은 우리 연구진과 한편입니다. 사실 우린 권위에 대한 복종을 연구하고 있어요."

이 말을 들은 대부분의 피험자는 자신이 실제로 상대방에게 신체적 고통을 가한 게 아니라는 사실에 안도하며 죄책감을 덜 수 있었죠. 하지만 자신이 타인에게 심각한 고통을 가할 수도 있었다는 죄책감이 그대로 남는 사람도 있습니다. 실험 보고서를 보면서 '이런 연구를 하면 안 된다'라는 우려가 들긴 했어요. 하지만 분명 중요한 실험이긴 합니다. 인간의 본성을 이해하는 데 너무나도 요긴한 실험이었죠.

역사상 가장 비윤리적인 심리 실험

스탠퍼드 교도소 실험 이후 실험 윤리에 대한 전반적인 인식의 변화가 일어났는데, 스탠리 밀그램이나 교수님 시대는 어떤 상태였나요?

밀그램이 실험할 때는 그런 제도나 장치가 존재하지 않았어요. 사전 동의는 물론 피험자연구위원회Human Subjects Research Committee 같은 것도 없었죠. 그 시절에는 그랬습니다.

개인적으로 봤을 때 가장 비윤리적임에도 아무도 문제를 제기하지 않은 실험이 하나 있어요. 1954년 터키 출신 심리학자 무자퍼 셰리프Muzafer Sherif가 진행한 '로버스 동굴Robbers Cave 공원 실험'이 바로 그것이죠.

오클라호마에는 로버스 동굴, 일명 '도둑들의 동굴'로 유명한 한 주립공원이 있습니다. 연구진은 그곳에 캠프를 차려놓고 열두 살 소년 24명을 피험자로 선발해 생활하게 했습니다. 당사자들은 물론 부모들 역시 실험 캠프라는 사실을 전혀 몰랐죠. 당연히 사전 동의도 없었습니다.

연구진은 캠프에 온 아이들을 '독수리'와 '방울뱀'이라는 두 집단으로 나눈 뒤 한동안 소속 그룹 아이들끼리만 어울리도록 했어요. 어느새 각 집단에는 위계질서가 생겼습니다. 그리고 며칠 뒤 두 집단을 대면시켰죠.

연구진은 운동 경기나 식사 배급 등을 통해 두 집단을 경쟁 구도로 몰고 갔습니다. 두 집단 사이에는 알 수 없는 긴장감이 흘렀고, 매번 서로를 위협하며 다퉜습니다. 그럴 수밖에 없었죠. 집단 사이에 일부러 갈등을 조장해 이를 어떻게 해결하는지 알아보려는 데 목적을 둔 실험이었으니까요.

아이들은 완전히 미쳐 날뛰었어요. 연구진은 교육, 설득, 대화 등을 통해 갈등을 해소하려고 했지만 아무런 소용이 없었습니다. 결국 연구진은 문제를 해결하기 위해 공동의 적을 만들어냅니다. 캠프에 물 공급을 끊어버린 것입니다. 아이들은 물을 얻기 위해 한 팀으로 단결해야 했습니다. 이런 몇몇 과정을 통해 원수처럼 지내던 아이들은 화해했고, 사이좋게 집으로 돌아갔죠.

이 실험은 집단 간 충돌을 해결하는 방법을 알려주는 사례로 제시됩니다. 하지만 윤리적 측면에서 보면 아이들을 제어할 수 없는 환경에 노출시킨 뒤 서로를 싫어하고 증오하게 만든 실험이었습니다. 아이들은 한밤중에도 막 돌아다녔어요. 인솔 교사가 있었지만 종종 몸싸움까지 한 것을 보면 상황이 얼마나 안 좋았는지 알 수 있죠. 분명 서로에게 욕하고 소리를 질렀을 거예요. 오리지널 보고서를 읽어 보면 마지막까지 "난 방울뱀이 싫어" "난 독수리가 싫어"라고 말하는 아이들도 있습니다.

앞서 말했다시피 개인적으로 이 실험은 역대 가장 비윤리적인 연구였다고 생각합니다. 부모들은 진상을 모른 채 아이들을 캠프에 보냈고, 캠프에 참가한 아이들도 자신이 무엇을 하고 있는지 전혀 몰랐잖아요. 모두가 속은 셈입니다. 무엇보다 아이들이 실제로 고통을 받았어요.

그런데 신기하게도 이 실험은 갈등을 일으키는 요인이 아니라 갈등을 해결하는 방법을 알려주는 중요한 연구 가운데 하나로 알려져 있죠.

교도소 실험을 처음 계획한 때가 1971년인데, 당시 스탠퍼드대학교에는 '피험자연구위원회'가 존재했습니다. 그 위원회가 언제부터 있었는지 정확히 알 수 없지만, 생긴 지 얼마 안 됐던 것 같아요. 표준 양식을 작성해야 했거든요.

실험이 이루어진 장소는 스탠퍼드대학교 메인 캠퍼스에 있는 조던홀Jordan Hall 건물 지하였습니다. 실험 시작 전에 위원회 관계자가 직접 지하로 내려와 실험 공간을 살펴보기도 했어요. 그런데 위원회에서는 출입구가 하나뿐이라는 사실만 지적하더군요. 그도 그럴 것이 복도 한쪽 끝을 막아놓고 비디오카메라를 설치했거든요. 문은 그 반대쪽에 하나 있었고요. 창문이나 조명도 없었죠. 이를 본 위원회 관계자가 말했습니다.

"불이 나면 빠져나가기 어렵겠군요. 혹시 모를 화재에 대비해 소화기는 꼭 비치해 둬야겠어요."

아이러니하게도 나중에 교도관들이 그걸 수감자들에게 악용했죠. 소화기의 차가운 이산화탄소를 수감자들에게 발사해 피부를 얼어붙게 만들었거든요. 안전을 위해 갖춰놓은 물건이 오히려 공격에 사용된 거죠.

본격적으로 실험에 들어가기에 앞서 우리는 코웰학생건강센터 Cowell Student Health Center와 피험자들에게 실험 내용을 설명해야 했어요. '실험 기간은 2주이고 피험자들에게는 참가비로 매일 15달러를 지급한다' '하루 세끼 적절한 식단이 제공되지만 모의 교도소에 들어가면 스트레스를 받을 수 있다' '피험자가 원하면 부모님 면회는 물론 가석방심사위원회 신청도 가능하다' '교도소 사제가 방문할 것이다' '수감자와 교도관의 역할은 무작위로 배정한다' '피험자는 기간에 상관없이 최선을 다해 과제를 완수해야 한다' 등이 바로 그것입니다.

이런 사항에 대해 설명을 들은 피험자, 즉 실험에 참가하는 학생들은 실험 내용을 '고지 받았다'라는 서류에 서명했습니다. 그 자리에 있는 모든 사람이 심리 실험이란 사실을 아는 상태에서 '경찰과 도둑 놀이'를 하는 거였죠.

아, 표준 양식에는 '피험자가 실험을 그만두겠다는 의사를 밝히면 즉각 수용해야 한다'라는 내용도 있었어요. 하지만 학생들에게 받은 사전 동의서에는 그 내용이 포함되지 않았습니다. 적어도 제 기억은 그래요.

선과 악의 경계에서 악으로 넘어간 아이들

아까 하던 이야기로 다시 돌아가 보겠습니다.

고등학교를 졸업하고 대학교에 입학한 이야기를 해주세요.

초등학교 중퇴자인 아버지는 학교를 다니지 않은 것과 마찬가지였고, 교육의 중요성도 인정하지 않았어요. 고등학교를 졸업할 때쯤 아버지가 말했습니다.

"이젠 졸업했으니 취직해라."

"아버지, 대학 졸업장이 있으면 돈을 더 많이 벌 수 있어요."

하지만 아버지는 제 말의 의미를 이해하지 못했습니다.

"좋아! 그럼 회계사가 되거라. 그들은 멀끔하게 차려입고 출근해서 서류 몇 장만 쓰고 퇴근하더라. 좋은 직업이야."

아버지는 2년제 대학인 회계학교나 비서학교에 가라고 했어요. 그래서 실제 면접을 보고 합격까지 했습니다.

교수님이 원했던 일인가요?

아뇨. 너무 싫었죠. 그냥 아버지 마음에 들려고 한 거예요. 게다가 면접을 보러 갔는데 과학이나 어학 등 제가 좋아하는 과목이 하나도 보이지 않았어요. 그래서 안 가겠다고 했죠. 물론 대학에 갈 돈도 없었지만요.

하지만 다른 방법이 있었습니다. 뉴욕에는 5개 자치구가 있는데, 각 자치구마다 등록금이 무료인 시립대학이 있거든요. 뉴욕시 소재의 고등학교에서 평균 B학점을 받고 졸업하면 누구에게나 입학할 자격이 주어졌죠. 맨해튼의 뉴욕시립대, 브루클린의 브루클린시립대, 퀸즈대 등이 바로 그곳이죠.

아무튼 모든 자치구에 시립대가 있었어요. 그곳에는 헌신적인 교수들과 교육자가 있었습니다. 그래서 아버지를 설득했어요.

"학비가 들지 않는 브루클린대학에 갈 거예요. 대학을 졸업하면 더 많은 돈을 벌 수 있으니 그곳으로 보내주세요."

"네가 학교를 좋아하니까 특별히 허락해주는 거야."

아버지는 마지못해 승낙했습니다. 안타깝게도 동생들은 고등학교를 졸업하자마자 아버지의 뜻에 따라 취직했어요. 정말 슬픈 일이었죠. 특히 동생 조지는 모범생이었는데도 대학에 가지 못했습니다. 그는 공업고등학교를 졸업한 뒤 아버지의 뒤를 이어 배선과 전자 장치를 다루는 회사에 들어갔어요.

제 뜻대로 브루클린대학에 입학하고 난 뒤 심리학에 열광했습니다. 사실 어렸을 때부터 해왔던 분야잖아요. 리더와 추종자의 성격을 분석하고, 상황의 힘과 심인성 질환의 관계에 대해서도 알아가고 있었으니까요. 직관적인 어린 심리학자였죠.

그전에 심리학과 관련된 책을 읽어 본 적이 있나요?

아뇨. 한 번도 없었어요.

단순히 경험만으로 깨달은 건가요?

네, 그냥 경험만으로…. 아, 말하지 않은 게 하나 있군요. 빈민가에서 자랐다는 건 어린아이들에게 나쁜 짓을 시켜 돈 버는 걸 직업으로 삼는 어른들이 있다는 뜻입니다. 그들은 아이들에게 물건을 훔치게 하고 마약을 하게 합니다. 마약 파는 일을 시키기도 하죠. 그리고 여자아이에게는 몸을 팔라고 합니다. 이런 사람들의 얼굴은 붉으락푸르락 달아올라 있고 거칠 것 같죠? 천만에요.

그들은 다정다감합니다. 탁월한 설득력에다 매력적인 성격까지 갖추고 있어요. 그들은 자신의 매력을 이용해 아이들에게 약간의 돈을 주거나 호의를 베푸는 등 무언가 특별한 행동을 해요. 야구공이나 야구 글러브, 탱탱볼 같은 걸 주기도 하죠. 그렇게 해서 호감을 얻고 나면 드디어 본색을 드러냅니다.

"여기에서 두 블록 떨어진 켈리 스트리트로 가면 모자 쓴 남자가 있을 거야. 이 꾸러미를 그 사람한테 주면 봉투를 건네줄 거다. 가서 그 봉투를 가져오렴."

그런데 이 과정에서 꼭 멍청한 짓을 하는 사람이 있어 심부름한 아이가 체포되기도 합니다. 잡혀가는 아이에게 심부름을 시킨 어른이 말하죠.

"나와 관련해서 입도 뻥긋하지 마라. 입을 잘못 놀리면 네 가족을 모두 죽여버릴 거야!"

그러니 아이들은 겁을 먹을 수밖에 없죠.

아무튼 요점은 이겁니다. 제 친구들 가운데도 몇몇은 돈의 유혹에 빠져 나쁜 짓을 했습니다. 소년원 출소 후 스스로 생을 마감한 친구도 있죠. 아이들은 교도소에 가면 윤간을 당하거나 누군가의 성적 노리개가 될 수밖에 없잖아요. 제정신으로 살기 어려웠을 거예요. 심성이 착한 친구였는데 안타까운 일이죠.

왜 아이들이 어른들의 잘못된 유혹에 굴복하는지, 왜 착한 아이들이 나쁘게 변하는지 늘 궁금했어요. '선과 악의 경계에서 악으로 넘어간 아이들' 말이에요. 선을 지킨 아이들과 그렇지 못한 아이들의 차이점은 무엇일까요?

그러던 중 대학교 1학년 때 심리학의 기초를 배우게 됐는데, 수업이 너무 재미없는 거예요. 항상 선과 악에 대한 근본적 의문을 품고 있던 터라 심리학 수업에 대한 기대감이 매우 높았거든요. 하지만 심리학 수업을 들으면 들을수록 실망감만 더 커졌죠. 1950년대 심리학은 정말 지루했어요.

우리는 Y자 미로를 달리는 쥐들을 봐야 했고, 기억계 앞에 앉아서 말도 안 되는 음절을 외워야 했습니다. 뇌의 컬러 코드도 배우고요. 흥미로운 수업이 단 하나도 없었어요. 그리고 고등학교 때 존재하지 않던 객관식 시험이라는 게 등장했습니다. 객관식 문제를 보고 그 옆에 이렇게 썼던 기억이 납니다.

"470페이지에 나오는 내용을 기반으로 하면 이 문제의 정답은 A입니다. 하지만 교수님이 수업 시간에 한 말씀대로라면 정답은 B입니다."

답을 2개 썼으니 당연히 오답 처리됐죠.

교수님에게 항의하러 갔더니 "미안하지만 넌 시험 치는 법을 제대로 배워야겠다"라고 하시더군요. 결국 C를 받았어요. 맙소사, C라니! C를 받은 건 난생처음이었죠. 아, 아니다. 중학교 시절에도 C를 받은 적 있으니, 제 인생에서 두 번째 C였네요.

아무튼 심리학이 싫었습니다. 심리학이 너무 싫어서 수업을 사회인류학으로 바꿨을 정도였어요. 제게 사회과학 분야는 일종의 시식 코스 같았죠. 2주 동안 인류학, 사회학, 심리학, 경제학, 정치학 등을 들을 수 있었거든요. 그 결과 인류학에 푹 빠졌어요.

졸업반이 되었습니다. 가장 친한 친구 제리 플래트Jerry Platt가 부탁할 게 있다더군요.

"심리학과 전공을 이수하려면 연구방법론을 들어야 하지만 난 연구방법론이 싫거든. 심리학이 좋지."

"난 심리학이 싫어."

"그러니까 부탁 좀 들어줘. 이 수업은 조별 과제를 많이 해야 하는데, 너는 공부를 잘하잖아. 부탁을 들어주면 나도 네가 원하는 거 해줄게."

연구방법론 수업에서는 실제로 실험을 진행했는데, 친구는 그 과정을 싫어한 반면 저는 정말 좋아했습니다. 담당 여교수님은 엄격한 스타일로 학점을 짜게 줬죠. 우리는 매주 같은 실험을 반복하며 데이터를 수집했고, 10~20명 정도의 피험자를 '실험'했습니다. 그리고 매주 연구의 목적이 무엇인지, 이를 위해 무엇을 했는지, 어떤 조건을 바꾸었는지, 어떤 자료가 수집되었는지, 원래의 연구를 지지하는지 등에 대한 보고서를 썼습니다. 정말이지 그 수업이 좋았어요. 우리 팀은 항상 평균 피험자보다 2~3배 더 많은 사람을 실험에 참여시켰죠. 그때 저는 "이게 바로 내가 하고 싶은 일이야!"라는 반응을 보였고, 친구는 "정말 하기 싫은 일이야!"라는 반응을 보였죠.

결국 졸업반 때 제리는 사회학으로, 저는 심리학으로 전공을 바꿨습니다. 그 후 그는 캘리포니아대학교 로스앤젤레스 캠퍼스 대학원에 진학했습니다. 나중에는 하버드대학교에서 탤컷 파슨스Talcott Parsons와 연구하게 되었어요. 그렇게 사회학과 역사 전기 전문가가 된 거죠.

인생을 뒤흔든 4번의 오해

예일대학교 심리학과 대학원 입학 과정은 어땠나요?

브루클린대학 졸업을 앞둔 저는 예일대학교 심리학과 대학원에 꼭 가고 싶었어요. 하지만 예일대에 아는 사람이 한 명도 없다는 게 문제였죠.

아, 예일대에 닐 밀러Neal Miller와 존 달러드John Dollard가 있다는 건 알고 있었습니다. 성격 수업 교재를 쓴 저자들이었거든요. 게다가 예일대는 브롱크스에서 두 시간 거리였지만 다른 학교들은 모두 멀리 떨어져 있었습니다.

아무튼 10여 군데 대학원에 지원했고 대부분 합격했어요. 그런데 고대하던 예일대에서만 연락이 없는 겁니다. 하버드대학교에도 합격했는데 장학금은 받지 못했던 것으로 기억해요. 그래서 결국 미네소타대학원으로 가기로 했죠. 거기 날씨가 얼마나 추운지도 모르고 말이죠. 그곳에 연구자 스탠리 삭터Stanley Schachter가 있었거든요. 《인지적 불협화 이론》으로 유명세를 탔던 그는 제 우상이었던 레온 페스팅거와도 연구한 적이 있었어요. 전화였는지 편지였는지 아무튼 스탠리 삭터에게서 연락이 왔고, 뉴욕 출신인 그는 이렇게 말했죠.

"자네가 있어야 할 곳은 여기야. 우린 정말 재미있는 연구를 하고 있거든. 자네가 필요하네. 친화 욕구의 심리에 대해 완전히 새로운 강의를 개설할 예정인데 흥미롭지 않나?"

그래서 미네소타로 결정을 내렸죠. 사실 그때까지 미네소타가 어디에 있는지도 몰랐어요.

미네소타대 대학원에 입학허가서를 보내기 위해 서류 봉투에 우표까지 붙여놓은 상태였는데, 1954년 4월 14일 아침 예일대의 K.C. 몽고메리K.C. Montgomery라는 사람한테서 전화가 왔습니다.

"예일대 심리학과의 허락 하에 몇 가지 물어보려고 전화했어요. 어디로 갈지 결정했나요?"

"네, 미네소타로 가려고 합니다."

"합격 통지서에 답장을 보냈나요?"

"아니요, 아직…."

"좀 기다려 보지 그래요? 예일대에 합격할 가능성이 있을지도 모르는데 말이에요. 관심 있나요?"

"네, 1지망입니다."

"좋아요. 내일 정각 10시 맨해튼의 뉴요커호텔에서 만나죠. 그곳에서 심리 컨벤션이 열리고 있거든요. 1층 바에서 만나요."

10시에 약속 장소로 갔습니다. 나름 가장 좋은 옷을 골라 입고 세련되게 하고 갔죠. 물론 브롱크스 기준으로 세련됐다는 겁니다. 아무튼 그곳에서 K.C. 몽고메리를 만났습니다. 그는 마티니를 두 잔이나 마신 상태였죠. 당시 남자들은 술을 즐겼어요. 특히 심리학자들은 한잔하려고 모임을 만들 만큼 술을 좋아했습니다.

"당신에게 세 가지 정도 질문을 하려고 합니다. 첫 번째, 쥐를 다룰 줄 아나요?"

생각 같아서는 "네, 물론이죠. 우리 가족이 사는 아파트에도 쥐가 있으니까요. 빗자루로 때려잡으면 되거든요"라고 말하고 싶었지만, 현실적으로 대답했죠.

"네, 물론이죠."

"실험 장비를 만들어 본 적이 있나요?"

"어떤 종류요?"

"동물 우리 같은 거."

아버지가 무엇이든 만들 수 있으니까 이 역시 할 수 있다고 대답했죠. 그가 또다시 물었습니다.

"혹시 올해 여름부터 바로 시작할 수 있나요? 아니면 다른 계획이 있습니까?"

"아뇨, 여름에 한가해요."

"아주 좋아요. 예일대 대학원 심리학과 합격입니다. 등록금은 면제고 제 연구를 돕는 조교 장학금으로 연간 1,500달러를 지원해 드리죠."

믿을 수가 없었어요. 너무 기뻤죠.

"정말요?"

"네, 확정된 제안입니다."

"하지만 예일대에서 아무런 통지서도 받지 못했는데요."

"아, 말하자면 사연이 길어요. 아무튼 지금은 컨벤션 장소로 가세요. 12시에 닐 밀러가 10년 동안 연구한 '보상과 처벌 연구에 대한 요약본'을 발표할 예정이니까요."

그래서 컨벤션장으로 갔습니다. 제 우상인 닐 밀러가 동물과 인간을 대상으로 실시한 보상과 처벌에 대한 흥미진진한 연구 결과를 발표한다니까 말이죠.

닐 밀러는 발표 내내 자신을 도와준 대학원생들의 이름을 언급했습니다. "아무개와 연구해서 이런 사실을 발견했다"라는 식으로요. '저 사람과 연구하고 싶다. 제자들의 커리어를 제대로 밀어주잖아'라고 생각했죠. 바람대로 닐 밀러와 연구하게 되었어요. 시니어 저자로 이름을 올리며 그와 주요 학술지에 논문을 싣기도 했죠.

K.C. 몽고메리의 조교로 일했지만 우리 사이에는 동지애가 전혀 없었어요. 그때 저는 몽고메리가 막 시작한 '탐색 행동 연구'를 진행하느라 24시간이 부족할 지경이었거든요. 온종일 지하 실험실에 처박혀 동물 실험을 한 후 데이터를 분석하고 논문을 써 내려갔죠. 하지만 몽고메리는 연구에 집중하지 못했어요. 감독관의 역할도 포기한 듯했고, '탐색 행동 연구' 관련 프로젝트 목록을 전달하는 것으로 자신의 역할을 다한 듯 보였죠.

그도 그럴 것이 당시 몽고메리는 심각한 우울증을 앓고 있었어요. 치료를 받기 위해 수시로 병원을 들락거려야 했죠. 무언가 잘못되고 있다는 건 알았지만 얼마나 심각한 상황인지는 몰랐습니다.

아무튼 시간이 한참 지난 뒤 K.C. 몽고메리에게 "대학원에 입학할 당시 예일대는 왜 제 합격 여부에 대해 아무런 피드백을 주지 않은 거죠? 도대체 무슨 생각을 한 거예요?"라고 물었어요. 그 이유가 정말 궁금했거든요. 그는 웃으며 "나중에"라고 말했지만 끝내 이유를 듣지 못했습니다. 제가 대학원 2년 차일 때 우울증을 이기지 못한 그가 스스로 생을 마감했기 때문이죠. 참 안타까운 일이었어요.

예일대 대학원 입학의 비밀은 의외의 곳에서 풀렸습니다. 그 이야기를 해볼까요?

1959년 독일에서 열리는 국제심리학회International Congress of Psychology에 논문 한 편을 제출했는데, 현장에서 이를 발표하게 되었어요. 박사 과정 논문이 통과되어 난생처음 해외여행을 가게 된 거죠. 해외여행을 떠난다는 설렘과 전쟁 이후 처음 열리는 국제회의에서 발표한다는 긴장감을 안고 독일에 도착했습니다.

학회에서 성공적으로 논문을 발표한 뒤 연회에 참석하기 위해 사회심리학자 해럴드 켈리와 택시를 탔습니다. 석사 1년 차 이후 그를 처음 만난 자리였죠.

"해럴드, 유대인 심리학자로 독일에 있기가 좀 불편하겠어요. 전쟁이 끝난 지 얼마 안 됐잖아요. 반유대 정서가 아직 남아 있기도 하고요."

"자네도 예일대에 올 때 같은 기분이었겠군. 다들 자네가 흑인인 줄 알았으니까."

"예? 뭐라고요?"

"이런, 아무것도 모르고 있었군. 자네 합격 통보를 미룬 이유는 교수진 가운데 절반이 자네가 흑인이거나 흑인과 백인 혼혈이라고 생각했기 때문이네. 그렇다면 추천서 내용이 전부 과장된 것일 테니 합격시키면 안 된다고 생각했지. 학교생활을 잘해내지 못할 게 분명한데 우린 죄책감을 느끼고 싶지 않았거든. 개중에는 그동안 흑인 학생이 한 명도 없었으니 첫 케이스로 합격시키자고 한 사람도 있었지. 자네가 어떤 성과를 보여주는지 지켜봐야 한다고 말이야. 찬반 의견이 분분해서 결정이 안 났던 거야."

"믿을 수가 없네요."

"모르고 있었다니 정말 미안하네. 누군가 말해줬어야 했는데."

한마디로 예일대 대학원 심리학과는 명문대학 학부 과정을 최우등생으로 졸업하고 학부생 때 논문을 발표한 것도 모자라 대통령상까지 받은 학생을 단지 흑인일지도 모른다는 이유로 방치한 거죠. '일단 보류'하고 그냥 내버려뒀던 겁니다.

또 다른 사정도 있었어요. K.C. 몽고메리가 고든 바우어Gordon Bower를 연구 조교로 합격시켰는데, 고든이 특수과학 프로젝트 프로그램이 있는 미네소타에 가기로 마음을 바꿨다더군요. 몽고메리는 연구지원금도 다 받은 상황이라서 연구 조교를 뽑아야만 했고요. 하지만 지원자들은 이미 다른 대학원에 합격했고, 결정이 나지 않은 건 저뿐이었던 거죠. 연구 조교로 쓸 사람이 없어서 저를 만나러 왔던 거예요. 아무튼 진상은 그랬습니다.

몽고메리는 왜 전화로 이 사실을 말하지 않았을까요? 전화로 합격시키고 "내일 만나세. 만나서 축하주 한잔하지"라고 말했다면 저는 그날 행복감에 젖어 있었을 텐데 말이에요. 왜 굳이 다음 날까지 기다렸다가 말한 것일까요?

제가 흑인이었다면 절대 합격시키지 않았을 겁니다. 미팅에서 "자네는 적임자가 아닌 것 같네. 그냥 미네소타로 가는 게 낫겠어"라고 했겠죠. 아무튼 정말 이상했어요.

왜 교수님이 흑인이라고 생각했을까요?

확고한 정황 증거 때문이죠. 그 시절에는 지원자의 사진만으로 소수민족인지 아닌지를 확인해야 했죠. 당시 여기저기 지원하려면 많은 사진이 필요했지만 저는 돈이 없었어요. 그러던 중 만화책 뒷면에서 단돈 10달러에 사진 100장을 준다는 광고를 봤죠.

그곳에서 사진을 찍었는데 전문가들이 찍은 사진에 비해 아주 어둡게 나왔어요. 화질도 안 좋았고요. 훗날 다른 지원자들의 사진하고 비교해 보니 제 피부색이 정말 까맣게 보이더군요. 뿐만 아니었어요. 사진 속의 저는 덥수룩한 수염을 기른 것도 모자라 빌리 엑스타인Billy Eckstine, 흑인 재즈 가수- 편집자의 얼굴이 인쇄된 셔츠를 입고 있었죠.

지원서의 취미란에는 '재즈 음악 감상' '재즈 클럽 방문'이라고 썼어요. '가장 좋아하는 글은 무엇입니까?'라는 질문에도 '재즈 이야기를 좋아한다'라고 썼죠. 게다가 당시 전미흑인지위향상협회NAACP, National Association for the Advancement of Colored People 브루클린 지부에서 총무를 맡고 있었어요. 스승이자 NAACP 수장이던 찰스 로렌스Charles Lawrence로부터 브루클린 지부의 총무를 맡아 달라는 부탁을 받았거든요. 육상부 주장에다 흑인과 푸에르토리코인의 갈등을 다루는 논문까지 발표한 적이 있으니 퍼즐이 딱딱 들어맞았던 거죠. 흑인이 아니라면 누가 이런 일을 하고 다니겠어요? 정황적 증거가 가득 담긴 지원서를 보고 '이 흑인 아이는 아주 열심이군. 하지만 브루클린대학에서 아무리 잘했다고 해도 이곳에서 잘하리라는 보장이 없지. 적응하지 못할 거야'라고 생각한 것도 무리는 아니었다는 이야기입니다.

참고로 예일대 대학원 심리학과에 첫 흑인이 입학하기까지는 그 후로 10년이 더 걸렸습니다. 제 친구 제임스 존스James Jones가 바로 그 주인공이죠. 재미있지만 사실은 슬픈 이야기입니다.

교수님이 차별, 오해를 받은 게 벌써 세 번째네요.

그래요. 어릴 땐 유대인이라고, 고등학교 땐 시칠리아 마피아라고, 예일대에서는 흑인이라고 오해와 차별을 받았죠. 아, 한 번 더 있었네요.

예일대를 졸업한 뒤 브롱크스에 있는 뉴욕대학교에 임용되었을 때의 일이에요. 그때까지도 경제 사정은 썩 좋지 않았어요. 동생과 함께 예일대에서 브롱크스에 위치한 아파트까지 밴으로 이삿짐을 실어 날랐죠. 무더운 여름이라 이마에 반다나스카프 대용으로 쓰이는 큰 손수건-옮긴이를 두르고 있었는데 지나가던 사람이 "이야, 푸에르토리코인이 잔뜩 몰려오네"라고 말했죠. 우리 형제는 푸에르토리코인이 아닌데 말이에요. 이게 네 번째로 받은 오해입니다. 유대인, 흑인, 시칠리아인, 푸에르토리코인.

PART

2

대학원, 교수 생활 초기, 연구, 사회운동

INTERVIEW DATE
20160901

강의를 시작하게 된 계기

뉴욕대학교 임용, 작은 몰락의 시작

말콤 X와의 만남

새로운 출발, 스탠퍼드대학교

강의를 시작하게 된 계기

예일대 심리학과에 처음 들어갔을 때

그곳의 분위기는 어땠나요?

당시 예일대 심리학과는 아마 세계 최고였을 겁니다. '학습과 성격'에 대한 연구를 발표한 지 얼마 안 된 닐 밀러와 존 달러드를 선두로 슈퍼스타가 잔뜩 있었거든요. 가히 신행동주의의 현장이라고 말할 수 있었죠.

매우 까다로운 선발 과정을 거쳤기 때문에 교수진이 많지는 않았어요. 교수진이 적은 대신 각 분야에서 최고로 꼽히는 학자들을 포진시키는 전략을 썼죠.

대학원 생활을 5년 동안 했는데, 훌륭한 교수들의 수업을 최대한 많이 듣고 다양한 프로젝트를 진행하려고 노력했습니다.

대학원 생활에 잘 적응했나요?

아니요, 힘들었어요. 그저 최선을 다해 집중하면서 잘하려고 애를 썼죠. 특히 힘들었던 이유는 몽고메리가 '쥐의 탐색 행동'에 대한 새로운 연구를 하고 있었기 때문입니다. 덕분에 무려 3년 동안 지하에 있는 동물 연구실에서 쥐 실험을 해야 했습니다. 개인적으로 선호하고 잘 알고 있던 집단 역학관계, 인종 관계 연구와 아무런 상관없는 실험을 3년이나 진행한 거죠.

당시에는 '동물의 탐색 행동'이 뜨거운 주제였습니다. 자극-반응 이론을 거스르는 것이었기 때문이죠. 동물들이 단지 먹이를 얻기 위한 것뿐 아니라 환경을 이해하기 위해, 위험보다는 안전하다는 사실을 확인하기 위해 탐색 행동을 한다는 사실이 우리 연구를 통해 입증되고 있었습니다. 그런 점에서는 상당히 흥미로운 연구였죠.

문제는 몽고메리가 옆에 없다는 점이었어요. 그가 준 목록대로 우리를 만들고 수백 마리의 쥐를 키워 여러 상황에 투입시켰습니다. 그 상황을 모두 기록했죠. 하지만 앞서 말했듯 실험 2년 차에 몽고메리가 자살했어요.

그런 상황에서도 우리는 포기하지 않고 계획했던 연구를 이어나가기로 결정했습니다. 프레드 셰필드Fred Sheffield 교수의 감독 아래 국립과학재단NSF, National Science Foundation 연구지원금도 신청했죠. 다행히 안건이 통과되어 대학원생 신분으로 4만 달러의 지원금을 받을 수 있었어요. 그 후 몇 년에 걸쳐 계획한 모든 연구를 다 끝냈고요.

몽고메리와 함께 시니어 저자로 논문도 몇 편 출판했습니다. 대부분 《비교와 생리심리학 저널JCPP, Journal of Comparative and Physiological Psychology》 등 권위 있는 학술지에 실렸어요. 그렇게 논문 출판 경력에 힘찬 시동을 걸었죠.

연구실을 차리고 난 뒤에는 개인적으로 관심을 갖고 있던 연구를 진행하기 시작했습니다. 예를 들어 '성 행동 연구' 같은 거요. 동시에 '동물 성적 행동 분야'의 선도적 연구자였던 프랭크 비치Frank Beach 교수와 '클로르프로마진chlorpromazine과 카페인이 흰쥐의 성적 행동에 미치는 영향'에 대한 초기 연구를 진행했어요. 그 연구 결과를 《사이언스》에 실었고요. 그 외 《JCPP》에도 여러 편의 논문이 실렸죠. 연구자로서의 출발은 매우 좋은 편이었습니다.

그런 상황에서도 스스로 예일대와 어울리지 않는다고 느꼈어요. 동기들에 비해 별로 똑똑하지도 않고 여전히 심리학을 잘 모른다고 생각했죠. 연구 때문에 학부 과정을 많이 수강하지 않았거든요. 최고 수준을 자랑하는 대학원생들과 같이 공부할 준비가 되어 있지 않다고 느꼈던 것 같아요. 하지만 조금씩, 천천히 적응하기 시작했습니다. 학기 중간에 '그만둘까?' 하는 고민도 했지만 독하게 이겨냈죠.

예일대에서 진행한 또 다른 연구가 있나요?

그 연구들은 나중에 어떤 도움이 되었나요?

레온 페스팅거가 스탠퍼드에 와서 인지부조화 이론에 대해 강연했는데 그에게 완전히 빠졌습니다. 인지 부조화는 개인에게 신념에 반하는 행동을 하도록 만들면 신념이 행동과 들어맞게 된다는 이론이죠. 정말 극적이지 않나요? '와! 저 사람 밑에서 연구를 했어야 해'라는 생각이 절로 들더군요. 그 주제로 졸업 논문 연구를 하고 싶었죠.

졸업 논문의 주제로 '호블랜드와 무자퍼 셰리프의 태도 변화'와 '인지 부조화' 2개를 두고 고민하다가 결국 인지 부조화로 정했어요. 1958년 논문을 발표한 후《이상 및 사회심리학회지Journal of Abnormal and Social Psychology》에 실었는데, '태도 변화의 틀에 따라 형성되는 부조화'를 다룬 첫 번째 논문이었습니다.

그 후 일 년 동안 논문을 제출하지 않았어요. 웨스트헤이븐재향군인협회병원West Haven Veterans Administration Hospital에 지원해서 일 년 동안 펠로로 일했기 때문입니다. 덕분에 임상심리학에 더욱 관심이 생겼어요. 그전에 이미 임상심리를 경험한 적이 있었거든요. 예일대에서 들었던 최고의 수업 중 하나에서요.

어빙 재니스 교수의 정신병리학 수업이 바로 그것이죠. 흥미롭게도 이 수업은 실제 정신병원에서 이루어졌습니다. 미들타운주립정신병원Middletown State Mental Hospital에서 오전에는 공포증이나 편집증 같은 주제에 대한 강의를 듣고, 오후에는 실제 환자들을 면담했죠. 사례 연구가 필요한 학생에게는 각 주제에 맞는 적절한 환자들이 배정되었습니다. 청강생이었지만 그 수업에 완전히 몰입할 수밖에 없었죠.

예일대에서 강의는 어떻게 시작하게 되었나요?

불현듯 '강의는 언제 시작할 수 있지?'라는 생각이 들었어요. 그래서 심리학과 학과장 클로드 벅스턴Claude Buxton을 찾아가 언제 '가르치는 일'을 해볼 수 있는지 물었죠. 그러자 의외의 대답이 돌아오더군요.

"대학원생은 수업을 할 수 없네. 하버드대학교에서는 대학원생이 학부생을 가르치지만 예일대 학부생은 특별해서 교수들만 가르칠 수 있어."

"하지만 저는 학부생을 가르쳐 보고 싶은데요."

결국 그의 수업을 듣는 일부 학부생을 대상으로 초청 강의를 할 수 있게 되었어요. 무척 즐거운 시간이었죠. 그러다 가을에 심리학 개론을 맡기로 한 교수가 병에 걸렸습니다. 대체 인력은 저밖에 없었고요. 그래서 심리학과 대학원생 가운데 최초로 심리학 개론 수업을 하게 됐습니다. 가르치는 즐거움에 푹 빠져 지냈죠.

어떤 점이 좋았나요?

그 수업이 나중에 어떤 영향을 끼쳤죠?

그전까지는 주로 자신을 똑똑하게 만들고 비전을 주는 일을 했어요. 항상 '이걸 어떻게 연구로 바꿀 수 있을까?'를 생각했죠. 그런데 강의를 하게 되면서 '알고 있는 것을 어떻게 다시 포장할까?'를 고민하게 된 거예요.

예일대 학부생 가운데는 심리학 전공자가 많지 않았어요. 당시 학생들은 심리학자가 아니라 사업가가 되려고 예일대에 들어왔거든요. 그래서 수업시간 마다 흥미진진한 내용을 소개하기 위해 더 노력했어요.

화요일과 목요일, 토요일은 아침 8시 수업이었는데, 특히 미식축구 시즌인 가을 토요일 아침 8시 수업은 정말 끔찍했어요. 세븐 시스터즈Seven Sisters, 미국 동부에 위치한 7개 명문 여자대학-옮긴이에 다니는 여자 친구가 놀러 오는 학생도 있지 않겠어요? 그러다 보니 학생들이 수업에 흥미를 느끼게 할 필요가 있었죠.

제 연구는 물론 다른 사람들의 연구에서 나온 아이디어를 가르치고, 그 가르침에서 새로운 연구 아이디어를 도출하고, 이것을 다음 수업에 또다시 투입했죠. 수업에서 여러 가지 현상을 시연하는 행위도 많이 했습니다. 단순히 말로 전달하기보다는 학생들과 함께 독창적인 방법으로 입증하는 걸 즐겼어요. 시연의 중요성은 스탠퍼드대학교까지 이어졌습니다. 처음에는 20여 명의 작은 규모로 강의를 시작했는데 어느새 200명에서 300명으로, 500명에서 1,200명으로 학생 수가 늘어났죠.

뉴욕대학교 임용, 작은 몰락의 시작

예일대를 졸업하고 나서 뉴욕대로 간 건가요?

그렇죠. 몰락의 시작이었어요. 예일대학교에서 저는 다수의 논문을 출판한 대학원생인 동시에 NSF에서 지원금까지 받은 펠로였습니다. 강의 경력도 훌륭했고 닐 밀러, 시모어 새러슨Seymour Sarason, 잭 브렘Jack Brehm, 로버트 코헨Robert Cohen 등의 추천서도 받았죠. 1959년, 그럼에도 제가 갈 수 있는 곳은 뉴욕대뿐이었어요. 가족이 아직 뉴욕에 살고 있어서 익숙한 지역이라는 장점을 빼면 솔직히 형편없는 자리였습니다.

뉴욕대에서 유대인 학생들과 크고 작은 문제를 겪었는데 그게 저를 힘들게 했어요. 저는 원래 유대인 학생들과 친숙해요. 브루클린대학 재학 시절 동료의 80퍼센트 정도가 유대인이었거든요.

어떤 수업은 저만 빼고 모두 유대인으로 이루어진 경우도 있었죠.

그래서 유대인도 아닌데 '유대교 휴일'을 정말 좋아했어요. 해당 휴일, 유대인들은 모두 학교를 나오지 않거든요. 수업에 참석하는 사람이 저밖에 없었다는 이야기죠. 이런 이유로 유대교 휴일을 부담스러워하는 교수도 많았어요. 오죽 답답했으면 저를 붙잡고 수업에 꼭 참석해 달라고 부탁했겠어요. 그도 그럴 것이 수업 시간에 한 명도 출석하지 않으면 주에서 지급되는 돈이 교수에게 나오지 않거든요.

브루클린대학 재학 시절에는 서로 동등한 학생 신분이었기에 별문제가 없었는데, 교수가 되니 다르더군요. 뉴욕대에 다니는 유대인 학생들의 수준이 그리 높지 않은 것도 문제였죠. 학생들이 사례를 발표하면 다음과 같은 불만이 이어졌습니다.

"우리는 동료들의 이야기를 듣고 싶지 않아요. 교수님의 말씀을 듣고 싶어요. 교수님의 이야기를 들으려고 돈을 내는 거지 다른 학생들의 말을 들으려고 돈을 내는 게 아니잖아요."

정말이지 제대로 된 토론이 불가능할 정도였어요. 과제를 안 해 오는 학생이 많았고, 시험이 어렵다며 불평하는 이들도 적지 않았죠. 결국 학생들은 학장을 찾아가 제가 불공평하다고 하소연하기 시작했어요. 일련의 사태를 겪다 보니 자신도 모르게 암울하다는 생각이 들더군요.

외부적인 상황은 복잡했지만 지체 없이 연구실 꾸리기에 돌입했습니다. 새로운 연구에 집중하기로 결정했거든요. 스탠리 삭터의 영향으로 태도 변화 연구를 지속하면서 새로운 인지 부조화와 친화 욕구의 심리도 연구하기 시작했죠.

스탠리 삭터는 예일대에서 만났어요. 그가 심리학과 학생들을 대상으로 세미나 수업을 하러 왔는데, 그 자리에서 '불안은 연대로 이어진다'라는 새로운 이론을 제시하더군요. 그 이론에 저 역시 동감했고, 이에 대한 연구를 이어받기로 한 거죠.

일부 학생에게서 상처를 받기는 했지만 그렇다고 교수가 수업을 놓을 수는 없잖아요. 여전히 정신없는 하루하루가 흘러가고 있었습니다. 새로운 연구는 물론 심리학Ⅰ, 심리학Ⅱ, 태도 변화, 사회심리, 집단 역학, 연구 방법론 등 쉬지 않고 수업을 이어가고 있었으니까요. 수업 준비와 시험, 면담으로 많은 시간을 뺏겼지만 학생들을 가르치는 건 여전히 좋았어요.

당시 수업 규모는 200명 정도였는데, 예일대에서 20여 명으로 시작했던 걸 생각하면 장족의 발전이었죠.

중간고사가 끝날 때마다 높은 점수를 받은 학생들에게 편지를 써 보냈어요. 시간을 내어 공부하고 좋은 성적을 받아주어 고맙다고 말이에요. 덧붙여 "이 과목을 계속 공부했으면 좋겠다. 내년에도 수업에서 보기를 바란다"라는 메시지도 남겼죠. 몇몇 학생은 연구실로 불러 따로 격려해주기도 했어요.

솔직히 스탠퍼드 학생들보다 그들이 박사 과정을 밟는 경우가 더 많았습니다. 당시 스탠퍼드에서는 심리학 전공자가 대학원에 진학하는 경우가 드물었거든요. 다들 전문직을 얻기 위해 경영대학원이나 로스쿨, 의대 등을 선택하기 바빴죠.

스탠퍼드대학교에서도 상위권 학생들에게 편지를 보냈나요?

네. 스탠퍼드에서 처음 강의를 시작했을 때도 여러 수업에서 그렇게 했어요. 수업 규모가 커지기 전까지는요. 학생 수가 많아지면 상위권 학생이 5~6명이 아니라 100여 명이 되어버리니까 편지 쓰는 게 불가능했죠.

반전운동에는 어떻게 참여하게 되었나요?
원래 정치에 관심이 많았나요?

사실 저는 정치와 거리가 먼 사람으로, 미국 대통령 말고는 정치인의 이름도 거의 몰랐어요. 부통령 정도나 알았으려나…. 대신 훌륭한 비서 앤 자이드버그Anne Zeidberg는 정치에 관심이 아주 많았어요. '전쟁에 반대하는 여성들Women Against War'의 회원이기도 했고요. 미사일에 반대하는 여성들이요. 그녀는 한창 들끓고 있던 베트남전쟁 반대 운동에 제 지위를 생산적으로 쓰라고 압박했죠. "교수님은 평판이 좋잖아요. 꼭 참여해야 해요"라고 말이에요. 그때마다 시간이 없다는 핑계를 둘러댔죠.

당시《타임》에 미사일이 발사될 경우에 대비해 낙진대피소 만드는 방법을 알려주는 프로그램이 있었어요. 실제 미사일이 발사될 수도 있다고 가정한 거니까 분명히 나쁜 일이었죠. 애초에 미사일 발사를 막으려는 생각은 하지 않고, 돈 있는 사람들한테 '지하실에 낙진대피소를 짓는 방법'을 알려주다니 말이에요! 앤은 뉴욕대 교수진을 모아 타임-라이프 건물 앞에서 피켓 시위를 벌였습니다. 다들 말끔하게 차려입고 피켓을 들고 서 있었죠. 저 역시 그녀의 성화를 이기지 못해 그곳에 있었어요. 어찌나 어색하고 이상한지 제 자신이 바보처럼 느껴지더군요.

아니나 다를까, 지나가던 사람들이 우리를 보고 "그렇게 할 일이 없냐, 이 공산주의자들아!"라고 소리쳤어요. 지금 생각해도 창피합니다. 어쨌든 그 시위가 보다 나은 세상을 만들기 위한 행동에 발을 담근 계기가 된 건 분명한 사실입니다. 앞으로는 좀 더 효과적인 전략을 쓰기로 마음먹게 되었거든요.

그리고 베트남전쟁이 고조되기 시작했어요. 거짓말로 얼룩진 대참사였죠. 어떻게 행동해야 할지 심한 갈등에 휩싸였습니다. 반전 시위에 계속 참여할 시간이 없었거든요.

그러던 중 미국 중서부 어느 대학에서 심야 반전 토론회를 한다고 하더군요. 토론회와 관련된 글을 읽고 나니 '저거라면 나도 할 수 있겠다'라는 생각이 들었죠. 그렇게 해서 참석하게 된 토론회는 밤 10시에 시작해 다음 날 아침 8시까지 이어졌습니다. 전쟁에 반대하는 참전용사, 스님, 정치학자 등 각계각층의 사람이 모여 학생, 교수, 지역 주민과 이야기를 나누었죠.

이 모든 행사는 그 지역에 있는 한 대학 강당에서 진행되었어요. 그 대학교의 학장은 개인적으로 반전 토론회를 반대하지만 행사를 막을 수는 없다고 하더군요. 그런데 아이러니하게도 이 토론회가 그 대학교의 이미지를 긍정적으로 만들어주는 계기가 되었죠. 얼마 뒤 학장이 '이런 행사를 열어줘서 정말 고맙다'라는 내용이 담긴 편지를 보내왔더군요.

뉴욕대 졸업식에서 일어난 사건에 대해 이야기해 주세요.

다음 해 뉴욕대 졸업식에서 말도 안 되는 일이 벌어졌어요. 국방부 장관 로버트 맥너마라Robert McNamara가 명예 학위를 받게 된 거예요. 베트남전쟁을 확산시킨 장본인인데 말입니다!

뉴욕대 졸업식은 의대와 법대, 대학원 졸업생을 비롯해 학부생 등 수천 명이 참석하는 큰 행사입니다. 이 행사를 불명예스럽게 만들 수는 없었죠. 그래서 졸업식을 며칠 앞둔 우리는 한 가지 계획을 세웠습니다. 일종의 퇴장 시위라고나 할까요?

졸업식 당일이 되었습니다. 행사가 시작된 지 얼마나 지났을까요. 드디어 강당에 맥너마라의 이름이 울려 퍼지더군요. 그 순간 제가 사람들을 향해 약속된 수신호를 보냈어요. 그 수신호에 따라 현장에 있던 교수진과 학생 수백 명이 동시에 퇴장했습니다. 정중하지만 강력한 메시지를 담은 시위였죠. 이 장면이《뉴욕타임스》1면을 장식하기도 했습니다.

당시 조교수 신분이라 매년 계약을 갱신해야 했죠. 그때가 6월이었는데, 9월이 되도록 재계약 통지서가 오지 않더군요. 학장에게 왜 재계약 통지서를 보내지 않느냐고 물었더니 이렇게 대답하더군요.

"자네에게 진정할 시간이 필요하다고 생각하는 사람이 많아."

무슨 말인지 감이 왔어요. 한마디로 너무 설친다는 이야기였죠. 그래서 "혹시 졸업식과 관련이 있습니까?"라고 물었지만 학장은 극구 부인했어요. 어쨌든 '여기는 내게 어울리지 않는 곳이야'라는 생각이 더욱 강하게 들었습니다.

말콤 X와의 만남

말콤 X와 만난 적이 있죠?

브루클린 집에서 브롱크스에 위치한 뉴욕대로 출근할 때의 일이에요. 당시 저는 시간이 날 때마다 스피커스 코너Speakers'Corner, 자유롭게 연설이나 토론이 이루어지는 야외의 공공장소-옮긴이가 있는 125번가에 들르곤 했습니다. 영상으로 찍지 못한 게 유감일 정도로 극적인 장면이 많이 연출되는 장소죠.

그곳에 가면 사람들이 연단으로 올라가 자유롭게 연설을 시작합니다. 시기가 시기이니만큼 '백투아프리카Back-to-Africa운동'을 펼치는 흑인 지도자들이 절대적으로 많았죠. 마이크를 잡은 사람 가운데 상당수가 "우리는 고향으로 돌아가야 한다"라며 열변을 토했습니다.

그러던 어느 날 멋진 조끼를 갖춰 입은 잘생긴 흑인 남성 한 명이 등장했습니다. 그는 다른 이들과 다르게 흑인의 힘이 아니라 흑인의 자긍심에 대해 연설했는데, 그 내용이 어찌나 훌륭한지 단번에 사람들의 마음을 사로잡았죠. 저도 그중 한 사람이었고요. 순간 학생들에게 그의 연설을 들려주고 싶다는 생각이 들었습니다. 연단에서 내려오는 그에게 다가가 강연을 부탁하자 '오케이'를 하더군요. 그가 누군 줄 아세요? 바로 말콤 X였어요!

얼마 후 말콤 X가 정말 제 수업에 왔습니다. 흑인 사회를 위협하는 '하얀 악마'라는 연설을 끝낸 후였죠. 안타깝게도 학생들은 처음부터 그를 싫어할 준비가 되어 있었어요. 그럼에도 그는 흔들림 없이 행동 지향적인 연설을 이어갔습니다. 자신의 강연을 듣는 학생 대부분이 유대인이라는 사실을 알고는 다음과 같은 도움도 요청했어요.

"여러분은 할 수 있습니다. 지금 당장 부모님과 친척들에게 압력을 넣어주시기 바랍니다. 열악하기 그지없는 할렘의 공동주택 환경을 개선할 수 있도록 말이에요."

다음에도 그와 함께할 수 있는 시간이 있기를 바랐습니다. 하지만 흑인 이슬람 조직에게 암살당하는 비극이 일어나고 말았죠.

'흑인을 도우라'며 행동력을 촉구하던 말콤 X의 목소리에 저는 할 수 있는 일을 찾았습니다. 할렘 여름 프로젝트Harlem Summer Project 프로그램을 운영하기 시작한 거죠.

여름 동안 126번가 교회에 있는 학교 운동장에서 흑인 아이들을 가르쳤는데, 많은 동료와 학생들이 무보수로 참여해줬어요.

학교 안뜰에서는 유치원생부터 중학생을 위한 교육 프로그램을 진행했습니다. 1대 1 수업이었죠. 우리는 아이들을 카네기홀로 데려가 엘라 피츠제럴드Ella Fitzgerald, 빌리 홀리데이, 사라 본과 함께 재즈계 '3대 디바'로 불림-편집자의 리허설을 보게 했어요. 흑인 사진작가의 발표회와 야구장에도 데려갔죠. 블랙 프라이드Black Pride라는 프로그램도 있었고요. 재미있는 활동이 많았어요.

할렘의 고등학생들을 대상으로 시립대와 뉴욕대에서 특별 강의도 마련했습니다. 학생 식당에서 밥을 먹고 스포츠팀의 연습도 구경했죠. 대학 생활을 간접 체험하도록 해주기 위해서요. 보람은 컸지만 많은 시간을 할애해야 하는 일이었습니다.

일회성으로 끝났나요?

네, 그해 여름으로 끝이 났어요. 원래는 여름이 끝나기 전 고등학생들을 교육해 그들에게 프로그램을 맡길 생각이었죠. 감독은 우리가 하고요. 하지만 동네 남자들의 생각은 달랐어요. 보수를 원하더군요. 돈을 줄 수 없다고 했더니 황당한 표정으로 이렇게 말했어요.

"우린 이 프로그램을 폐쇄할 수밖에 없소. 당신들이 거짓말을 하고 있기 때문이오."

"지금까지 우리가 무엇을 하고 있는지 보세요. 보수도 없이 매일 아침 8시에 나와서 일하는 게 보이지 않습니까?"

하지만 안타깝게도 그들은 프로그램의 취지를 깨닫지 못했어요. 마피아가 따로 없었죠. 우리 이야기는 듣지 않고 자신들의 주장만 되풀이했습니다.

"당신들이 공짜로 이런 일을 한다는 걸 믿을 수 없소. 분명 지원받은 돈이 있을 거요."

마지막까지 그들을 설득했지만 다음 해 여름, 우리를 부르지 않더군요!

삭터와 페스팅거, 해군연구소Office of Naval Research의 주도로 시작된 국제유럽사회심리학 여름 프로그램International European Social Psychology Summer Program이 있었어요. 그곳에서 강의해 달라는 초청을 받았죠. 이 프로그램은 유럽의 대학원생들과 교수진에게 '짧은 시간 아이디어를 도출한 뒤 이를 실험하고 평가하고 논문을 작성하는 게 가능하다'라는 걸 알려주려는 데 목적이 있었습니다. 아이디어를 생각해내고 관련 문헌을 죄다 읽어 본 뒤에도 몇 년이 지나서야 실험을 진행하는 게 유럽식이었거든요. 그 프로그램에 참여한 학생은 전부 유럽 국가 출신이었습니다.

미국인 교수 4명과 유럽인 교수 4명으로 프로그램이 꾸려졌어요. 미국 교수진은 미시간대학교 집단역학센터장이었던 로버트 자욘스Robert Zajonc, 예일대 대학원 1년 차일 때 제 담당 교수이자 당시 UCLA 사회심리학과 학과장을 맡고 있던 할 켈리Hal Kelley, 벨연구소에서 근무하던 모턴 도이치Morton Deutsch, 뉴저지에서 큰 심리학 프로그램을 운영하던 해럴드 제러드Harold Gerard로 구성되었죠. 최고 학자들로 구성된 이 엘리트 집단에 막내로 합류한다는 것은 말 그대로 엄청난 일이었어요.

각 교수에게 10명의 학생으로 이루어진 연구팀이 배정되었습니다. 당연히 학생들은 국제적으로 명성 있는 교수를 우선적으로 선택했어요. 그런데 당시 저는 무명에 가까웠어요. 결국 남은 학생들을 맡아야 했죠. 그들에게 말했습니다.

"이건 경쟁이다. 우린 약자야. 하지만 소수정예팀처럼 열심히 노력하면 이길 수 있어. 아이디어를 생각해내고 실험하고 평가하고 그 결과를 글로 쓴다."

우리 팀은 정말로 그렇게 했고, 비공식 학술대회에서 우승을 차지했죠.

실험 아이디어는 뭐였나요?

탈개인화에 대한 연구였어요. '익명의 사람이 공격적으로 행동할 가능성을 높이는 환경 조건은 무엇인가?' 이것은 뉴욕대에서

막 시작한 연구 주제이기도 했습니다. 국가가 모두 다른 6명으로 이루어진 팀이었는데, 프로그램이 진행된 6주 동안 우리는 탄탄한 유대관계를 맺을 수 있었습니다. 흥미로운 경험이었죠. 제 가치를 올려준 시간이기도 했고요.

그 프로그램을 끝내고 뉴욕대로 돌아가서 마지막 해를 보내게 됩니다. 끔찍한 올가미 속으로 돌아간 거죠. 연봉이 적어 부업까지 해야 했거든요. 예일대 교육 프로그램에서 강의 하나를 하고, 바너드대학에서도 강의를 했죠.

그러던 중 컬럼비아대학교로부터 초빙교수 제안을 받았습니다. 컬럼비아대학교에서 UC 샌디에이고 캠퍼스로 간 빌 맥과이어Bill McGuire의 자리를 대신했던 것 같아요. 그럼에도 좋았어요. 평소 좋아하는 사회심리학 과정이기도 했고, 무엇보다 삭터가 그곳에 있었거든요. 그런데 막상 도착해 보니 그는 결혼식 때문에 자리를 비웠더군요. 1년 휴직계를 낸 거예요. 비브 라타네Bibb Latané도 떠나고 없었죠. 그는 존 M. 달리John M. Darley와 첫 번째 방관자 실험을 막 끝낸 뒤였어요. 뜻하지 않게 그곳에서 또다시 유일한 사회심리학자가 되었습니다.

컬럼비아대학교에서도 이전과 같이 열과 성의를 다해 수업을 진행했어요. 그런데 잠시 UC 샌디에이고 캠퍼스로 떠난 빌 맥과이어가 아예 컬럼비아로 돌아오지 않겠다는 결정을 내렸어요. 그 자리가 공석이 되어버린 거죠. 그런데 아무도 저를 그의 후임자로 생각하질 않더군요. 저만한 적임자가 없었는데 말이에요. 오죽하면 학생들에게 맥과이어의 후임으로 누굴 원하는지 물어보라고 하고 싶었죠. 그런데 그의 후임을 찾는 일을 다른 사람도 아닌 제가 맡게 된 겁니다. 저는 그 후보자 명단에 들어 있지도 않았어요. 어떻게 그럴 수가 있었는지….

이유가 뭐라고 생각하나요?

정확한 이유는 모르겠어요. 좀 더 직접적으로 행동했어야 했는지…. 저를 후보자 명단에 넣어 달라고 부탁하는 게 너무 어색했습니다. 아무튼 엘리엇 애런슨 같은 뛰어난 인재에게 연락해 면접 자리를 마련하는 일을 했죠. 그런데 아무도 그 자리를 원하지 않았어요. 나중에 제가 스탠퍼드대학교의 제안을 받아들였을 때에야 비로소 스탠리 샥터가 말하더군요.

"오, 우리가 큰 실수를 했군. 당연히 자네를 선택했어야 했는데 말이야. 어째서 자네 이름이 명단에 없었지?"

"만약 제안이 들어왔다면 받아들였을 겁니다. 가족도 뉴욕에 있기 때문에 스탠퍼드가 아니라 컬럼비아를 선택했을 거예요."

새로운 출발,
스탠퍼드대학교

스탠퍼드에서 연락이 온 게 언제쯤이죠?

1968년이요. 당시 뉴욕의 음울한 겨울은 저를 더욱 처지게 했죠. 그러던 어느 날 스탠퍼드대학교 심리학과 학과장 앨버트 하스토프Albert Hastorf에게서 전화가 왔습니다.

"종신재직권을 가진 스탠퍼드대학교 정교수직을 제안하려고 전화했네. 올해 9월부터 시작하는 것으로 하지."

처음에는 그저 농담인 줄 알았습니다. 컬럼비아대학교 교수 후보자 명단에도 못 들었는데, 미국 최고의 심리학과가 있는 스탠퍼드라니…. 지원서를 낸 적도 없고 프레젠테이션을 한 적도 없는데 말이에요.

믿기지 않는 제안이라 다시 확인한 뒤 궁금한 걸 물었죠.

"그럼, 가서 프레젠테이션을 해야 하나요?"

"아니, 그럴 필요는 없네. 이건 확정된 제안이니까."

"그래도 미래의 동료들에게 현재의 연구 내용을 발표해야 할 것 같은데요."

"자네 좋을 대로 하게."

프레젠테이션을 끝낸 뒤 사회심리학 전공 대학원생들과 교수진을 만났고 새 사무실도 안내받았습니다. 아이들을 악마에게서 구해주고, 심리학자들이 중고차 판매원으로 전락하는 것을 막아주는 자애로운 신이 정말로 존재한다는 믿음이 제 안에서 되살아났죠!

스탠퍼드에서는 어떤 계기로 제안이 온 걸까요?

1962년과 1963년 스탠퍼드에서 여름 학기 대학원 수업을 2개 진행했는데 학생들로부터 좋은 평가를 받았습니다. 이 수업을 계기로 레온 페스팅거와 친분이 생겼고 고든 바우어도 다시 만날 수 있었어요. 서로를 좀 더 알 수 있는 계기가 생긴 거예요. 사실 그게 전부였어요. 아무래도 가까이서 저를 보여준 게 유리하게 작용한 것 같아요.

1968년 세드로Cedro 기숙사 상주 교수로 일을 시작했습니다. 기숙사 상주 교수가 되면 숙식을 해결할 수 있거든요. 하지만 그곳에서의 생활은 즐겁지 않았어요. 사실 끔찍했죠. 히피의 시대였잖아요. 학생들은 머리를 길게 기르고 종종 마리화나를 넣어 구운 브라우니를 먹었습니다.

기숙사 상주 교수 생활은 어땠나요?

기숙사는 마약 때문에 골치를 앓고 있었어요. 학생들은 기숙사를 엉망으로 만들며 종종 정신 나간 짓을 했죠. 평일은 밤 11시, 주말은 1시 통금을 비롯해 가부장적 규칙이 있었는데도 말이에요. 분명 상황을 정리할 필요가 있었습니다.

"지금 이 순간부터 기물을 파손하면 너희에게 비용을 청구할 거다. 너희가 학교에 돈을 얼마큼 냈든 상관없다. 지금까지 너희들이 기숙사에 입힌 손해가 그 액수를 초월한다. 앞으로 2주 동안 나쁜 짓을 하지 않으면 무언가 때려 부술 시간을 따로 마련해주겠다. 차 한 대를 준비해 올 테니 기숙사 말고 그걸 때려 부숴라."

학생들을 진정시키기 위한 달콤한 거짓말은 아니었어요. 정말로 차를 부수기로 했거든요. 그들의 공격성을 기숙사 시설이 아닌 자동차에 표출하라는 의도였죠.

마침 기숙사에 허드슨 자동차를 가진 학생이 있었어요. 그와 의논해 일명 '날'을 잡았죠. 그런데 이벤트 당일, 무슨 일인지 차에 시동이 걸리지 않는 거예요. 차를 안뜰로 옮겨야만 하는데 정말 미치겠더군요. 기숙사 밖 상황을 아는지 모르는지 이미 잔뜩 흥분한 학생들은 안뜰로 꾸역꾸역 모여들었죠.

어찌어찌 힘들게 안뜰까지 차를 가져왔어요. 그런데 시간을 너무 지체한 게 문제였습니다. 해가 저물어 버린 거예요. 기다림에 지친 학생들의 분노는 최고조에 달했죠. 어두컴컴한 기숙사 안뜰이 시끄러워지자 실내에 있던 학생들도 하나둘 밖으로 나오기 시작했어요. 개중에는 마약에 취한 학생들도 있었을 거예요.

그리고 순식간에 모든 일이 일어났습니다. 말 그대로 순식간이었어요. 그 많은 학생이 차로 몰려들더니 미친 듯이 부수기 시작하더군요. 저는 그 모습을 조금 떨어진 곳에서 바라보고 있었죠.

그런 와중에 누군가 차에 화염병을 던졌어요. 불길에 휩싸인 자동차가 굉음을 내며 폭발하기 시작했죠. 얼마 뒤 신고를 받은 소방관들이 현장에 도착했습니다. 그들은 자동차에 붙은 불을 끄는 동시에 흥분한 학생들을 진정시키려고 애를 썼어요. 하지만 광분한 아이들은 좀처럼 그 자리를 벗어나려고 하지 않았습니다. 정말이지 〈파리 대왕〉의 한 장면 같았어요.

순간 '세상에나! 이제 난 잘렸다. 대체 왜 이런 쓸데없는 짓을 한 거지?' 하는 생각이 들더군요. 아, 그런데 이건 꼭 짚고 넘어가야 할 것 같아요. 이 광란의 현장이 바로 '탈개인화'의 실전편이라는 사실 말이에요.

상황이 걷잡을 수 없게 되자 소방관들은 경찰을 부르기에 이릅니다. 잠시 뒤 도착한 경찰관들은 아수라장인 현장을 보고 아연실색했죠. 그들은 곧바로 권총을 꺼내들고 이렇게 외쳤습니다.

"다들 그만! 당장 그 차에서 물러서! 학생들은 모두 자기 기숙사로 돌아간다! 여기 책임자가 누구야?"

책임자는 당연히 없죠! '이성적인 어른' '교직원' '기숙사 책임자'의 탈을 쓰고 바보짓을 주도한 사람이 누군지 다들 알고 있었지만 아무도 입을 열지 않았어요. 아무튼 그렇게 극적으로 기숙사 생활은 마무리가 됐습니다.

그 후 2년 동안 캠퍼스 밖에 있는 아파트에서 살았어요. 그 시기 모 출판사로부터 한 가지 제안을 받았죠. 자기들이 출간하는 교재를 수정해주면《동기부여의 인지적 통제The Cognitive Control of Motivation》를 출간해주겠다고 하더군요. 이것이 바로《심리학과 삶》개정판에 참여하게 된 계기예요.

1938년 플로이드 루시Floyd Ruch가 집필하기 시작한《심리학과 삶》은 베스트셀러이자 심리학의 교과서죠. 하지만 어느 순간부터 플로이드 루시는 더 이상 책에 관여하지 않았어요. 그 영향으로 도서 판매량도 서서히 줄어들기 시작했죠.

사실 개정판 진행이 그처럼 힘들 줄은 몰랐어요. 플로이드 루시가 그대로 남겨두어야 한다고 주장한 내용을 제외하고 전면 수정에 들어갔거든요. 그때 손으로 쓴 원고가 리갈 패드legal pad, 줄이 쳐진 황색 용지 묶음-옮긴이로 500장 정도 됐을 거예요.

온종일 수업하고 멍하니 TV 앞에 앉아 저녁을 먹고 밤새 글을 쓰는 생활이 반복됐어요. 힘들고 끔찍한 시간이었죠. 직접 손으로 원고를 쓰던 시절이었으니 얼마나 힘들었겠어요.

그나마 다행인 건 계약금을 3만 달러 정도로 두둑이 받았다는 거였어요. 당시 제 급여보다 많은 돈이었죠. 그 돈으로 차를 샀습니다. 오랜 시간 제 발이 되었던 자전거는 좋은 일을 하는 학생에게 기부했죠.

어떤 자동차였나요?

메르세데스 벤츠 380SL이었습니다. 빨간색 가죽 시트가 있는 실버 불렛Silver Bullet으로, 1957년식 중고차였죠. 매번 동료의 차를 빌리거나 얻어 타던 사람이 어느 날 갑자기 눈부신 실버 불렛 메르세데스 벤츠를 타고 나타났으니 주변에서 얼마나 놀랐겠어요.

정말이지 《심리학과 삶》의 인세는 제 인생에 큰 변화를 가져다줬어요. 안정적인 수입을 얻게 해줬으니까요. 그 후로는 돈을 벌기 위해 계절학기 강의를 맡으려고 애쓸 필요가 없었습니다.

PART

3

스탠퍼드 임용,
새로운 연구와 교수 생활, 집필

INTERVIEW DATE
20160901

다시 불붙은 정치적 행동주의

'교도소 생활 실험에 참가할 대학생 구함'

"내일 스탠퍼드에서 실험을 시작합니다"

권력이 지배하는 교도소 실험의 탄생

소문의 심리 & 소문의 진상

맡은 역할이 그 사람의 행동을 결정한다

'크리스티나 마슬라흐'라는 이름의 작은 영웅

"공식적으로 교도소 실험을 종료합니다"

다시 불붙은 정치적 행동주의

스탠퍼드대학교 초기로 돌아가 보겠습니다.
1960년대 후반 격동의 시기였던 당시 심리학과와 동료 교수들,
대학 상황은 어떠했나요?

1960년대 후반과 1970년대 초반 사이 스탠퍼드대학교는 사방에 흩어진 최고 인재를 모으는 데 혈안이 되어 있었어요. 그때 운 좋게 합류할 수 있었죠.

아무튼 1970년대 초부터 무려 40년 동안 스탠퍼드대학교 심리학과는 세계 최고라는 명성을 지켜왔습니다. 이는 굉장히 놀라운 업적이라고 생각해요.

솔직히 현재 스탠퍼드 심리학과의 위치는 잘 모르겠습니다. 그 많던 유명인이 모두 은퇴했거나 양로원에 있으니까요. 일부는 이미 세상을 떠났죠. 지금의 젊은 학자들도 훌륭하긴 하지만 과거와 같은 평판을 얻기 위해선 시간이 걸릴 듯합니다.

과거 훌륭한 연구진이 워낙 많아서 지금도 생각나는 이름들이 있어요. 성격심리 분야를 한 예로 들어볼까요? 이 분야에는 만족 지연과 자기조절에 대한 연구로 유명한 월터 미셸Walter Mischel과 사회인지학습 이론의 창시자 앨버트 반두라Albert Bandura가 있었어요. 미셸은 하버드에 있다가 스탠퍼드로 왔고, 얼마 뒤 컬럼비아로 갔죠. 발달심리 쪽에는 엘리너 에몬스 맥코비Eleanor Emmons Maccoby와 메타인지를 개념화한 존 플라벨John Flavel, 실험심리 쪽에는 고든 바우어와 리처드 톰슨Richard Thompson이 있었죠. 얼마 전 세상을 떠난 신경생리학자 칼 프리브램Karl Pribram은 동물심리 전문이었는데, 쥐가 아니라 원숭이 실험을 했어요. 나중에는 조지타운대학교로 갔어요.

그 후 새로 임용된 교수들 가운데 대표적으로 떠오르는 인물은 인지·수학 심리학자 아모스 트버스키Amos Tversky가 있습니다. 그는 버클리대학교의 대니얼 카너먼Daniel Kahneman과 많은 연구를 진행했죠. 그들의 실험 가운데 상당수가 제 심리학 수업에서 진행되었어요. 규모가 큰 수업이라서 실험 조건을 네 가지로 변형해 진행할 수 있었거든요.

아모스는 제가 만난 사람 가운데 가장 똑똑하고 친절하고 겸손했습니다. 카너먼은 아모스와 함께한 연구로 노벨 경제학상을 받았죠. 애석하게도 아모스는 일찍 세상을 떠났어요.

심리학과의 주요 5개 분야가 모두 탄탄했습니다. 인지사회, 인지발달, 인지실험 등 '인지심리' 분야라는 점이 상호보완의 토대를 이루었죠. 이것이 가능했던 이유는 내부에 정치가 없었기 때문입니다. 다들 서로를 존중했어요.

1970년대 초 스탠퍼드대학교 심리학과는 강력했습니다. 당시 스탠퍼드는 공개적으로 아이디어를 공유할 수 있는 흥미진진한 공간이기도 했어요. 매주 월요일 밤, 교수들끼리 프레젠테이션을 하는 모임을 만들었던 기억이 나네요. 학생 없이 다른 교수들 앞에서 발표하려니 너무 위축되더군요. 결국 모임은 얼마 가지 못했지만 그래도 좋았어요.

교수들의 관계는 전반적으로 긍정적이었나요?

아주 좋았죠. 《심리학과 삶》 원고를 쓸 때의 일이에요. 원고를 쓰기 위해 관련 분야의 교수들을 전부 찾아갔죠. 예를 들어 고든 바우어를 찾아가서는 "기억력에 대한 장을 쓰려고 해. 기억이 왜 흥미롭지? 무엇 때문에 흥미를 느껴?"라고 물었습니다. 그렇게 기억, 발달심리 등 각 장의 주제마다 도입 부분에 무슨 내용을 써야 하는지 각 교수에게 물어봤어요. 모두 아무런 대가 없이 도움을 주더군요. 덕분에 심리학 개론의 각 영역을 흥미진진하게 제시할 수 있었죠.

1960년대 교수진이나 행정가의 관점에 대해서도 이야기해주세요. 학생 반란, 시위 등과 관련해 다루어야 했던 문제가 무엇이고, 그런 부분에서 어떤 역할을 했는지도요.

재선에 성공한 닉슨 대통령은 헨리 키신저Henry Kissinger와 베트남전을 시작으로 캄보디아와 라오스로 전쟁을 확산시켰죠. 캘리포니아 주지사였던 로널드 레이건Ronald Reagan은 캘리포니아대학교를 폐쇄했습니다. 이런 일들이 뉴스에서 다뤄지는 걸 막기 위해 정부는 시위대를 진압했어요.

그래서 전통적으로 UC 버클리가 맡아 온 반항적인 대학생 역할을 스탠퍼드가 이어받게 되었습니다. 아마도 1970년 봄이었을 거예요. 대학 전체가 문을 닫은 것이….

사회심리학을 듣는 학생들에게 이 수업 시간을 도덕 재교육에 사용하고 싶다고 말했습니다.

"여러분이 집에 가는 걸 원치 않습니다. 해변에 가는 것도 원치 않습니다. 이건 정치적인 문제일 뿐 아니라 도덕적인 문제이기도 합니다. 어떻게 해야 전쟁 반대 시위를 강하게 이슈화할 수 있는지 생각해 봅시다."

우리는 건설적인 활동을 위해 전쟁 채권 매도 캠페인을 조직했습니다. 유니버시티 애비뉴 유니언은행 앞에서는 여전히 전쟁 채권을 팔고 있었거든요. 그리고 대학 이사회 이사들 가운데 몇몇은 전쟁으로 돈을 버는 기업에 관여했죠. 우리는 그들의 명단을 공개적으로 작성한 뒤 항의했습니다.

이와 더불어 심리학과에 '소문 클리닉'이라는 것도 세웠어요. 상반되는 소문이 워낙 많아서 그 진위를 파악할 필요가 있었거든요. 그 결과 심리학과는 소통의 중심지가 되었습니다. 정기적인 모임도 열렸죠. 모든 일이 학교 밖에서 이루어졌지만 재학생과 졸업생이 힘을 합해 이끌었습니다. 교직원들은 손을 들어 존재감을 표시했고요.

학교 밖에 있는 프로스트원형극장에서 학생들을 만나 이렇게 말했습니다.

"시국이 시국이니만큼 '실전 사회심리'라는 새로운 과정을 개설하려고 합니다. 학기 전반에는 최선을 다해 가르치겠지만, 후반에는 제가 모르는 부분이나 흥미를 느낄 만한 소재를 여러분이 역으로 제시하는 건 어떨까요?"

그리고 학생들이 흥미를 느낄 수 있도록 사회심리, 응용심리, 사회학 등 수많은 주제를 나열했습니다. '양로원에서 일어나는 노화 심리에 대해 우리가 아는 것은 무엇인가?' '양로원에 들어간 뒤 단기간에 높은 사망률이 나타나는 이유는 무엇인가?' '어떻게 교도관이 되는가?' '처음 교도소에 수감되면 어떻게 적응하는가?' 등이 바로 그것이죠.

"위 주제 가운데 하나를 연구 과제로 신청하세요. 실험은 여러분이 하지만 발표는 제가 하거나 조별로 할 예정입니다. 원한다면 대학원생을 조장으로 끼워줄 수도 있습니다. 무엇이든 여러분이 원하는 대로 하면 됩니다."

'교도소 생활 실험에 참가할 대학생 구함'

교도소 모의실험에 대한 이야기가 궁금합니다.

'어떻게 교도관이 되는가?' '처음 교도소에 수감되면 어떻게 적응하는가?'라는 주제에 관심을 보이는 학생이 많았어요. 그래서 기숙사에서 모의실험을 진행하기로 했죠. 그런데 실험 준비 과정에서 재미있는 사실을 하나 발견하게 됩니다. '감금'이라는 주제에 관심을 보인 학생들이 모두 같은 기숙사 이용자라는 점이었죠. 비폭력적인 분위기가 지배적인 콜럼베이하우스Columbae House 기숙사 학생들이었을 겁니다. 덕분에 비교적 수월하게 실험을 진행할 수 있었어요.

아무튼 실험에 참여하기로 한 기숙사 학생들 가운데 절반은 교도관 역할, 나머지 절반은 죄수 역할을 맡게 되었죠. 이 역시 그 누구의 강요 없이 각자의 의지로 선택했습니다. 다만 학생들에게 제복 같은 게 필요할 거라는 조언은 했어요. 교도관들은 갈색 옷을 맞춰 입는다거나 하는…. 정확하게 기억은 안 나네요.

사실 이건 본격적인 실험이라기보다 시연이라고 부르는 게 맞아요. 금, 토, 일 단 3일 동안 치러졌거든요. 그리고 바로 돌아오는 월요일, 이 실험 결과를 발표하는 수업이 예정되어 있었습니다.

매우 짧은 시간에 이뤄진 시연이었음에도 엄청난 영향력을 발휘했습니다. 죄수 역할을 맡았던 한 여학생은 같은 기숙사의 남학생 교도관에게 '더 이상 못 견디겠다고, 풀어주면 원하는 것을 무엇이든 다 하겠다'라고 말을 했어요. 성적인 것도 포함된 말이었죠. 교도관 역할을 맡은 학생이 그 말에 흔들리지 않아서 얼마나 다행인지 몰라요. 안 그러면 제가 해고됐을 수도 있잖아요.

실험은 무사히 끝났고 그 결과를 학생들이 직접 발표하기로 했죠. 조원 가운데 몇 명은 가짜 제복을 입고 수업에 참여했습니다. 그런데 갑자기 죄수 역을 맡았던 학생 한 명이 감정에 북받쳐 이렇게 말하는 겁니다.

"이제 너랑은 친구를 할 수가 없어. 네가 그런 힘을 가졌을 때 어떻게 행동하는지 알게 됐으니까 말이야."

이 말에 교도관 역할을 맡았던 학생은 당황했어요.

"오해하지 마. 우린 그냥 맡은 역할에 충실했을 뿐이야."

"아니, 그게 진짜 네 모습인 것 같아."

수백 명의 학생 앞에서 그는 눈물을 뚝뚝 흘리며 말했어요. 그 모습을 보며 '지금 무슨 일이 일어나고 있는 거지?'라는 생각이 들었죠.

그는 실험이 최악의 경험이었다면서 우는 것을 멈추지 않았어요. 한정된 경험이라는 걸 알면서도 말이에요. 학생들은 그 체험에 완전히 빠져들었다고 말했죠. 어떻게 단 며칠 만에 이런 일이 벌어졌던 걸까요?

누구도 그들에게 교도소 실험을 강요하지 않았습니다. 다양한 주제가 있었는데 학생들 스스로 그 주제를 선택했죠. 혹시 그들에게 잠재적 적개심이나 사디즘이 있었던 걸까요?

그 수업이 끝나고 나서 데이비드 제페David Jaffe의 조원들과 대학원생 수업 조교 크레이그 헤이니Craig Haney, 커티스 뱅크스Curtis Banks를 연구실로 불렀습니다. 뭔가 큰일이 벌어지고 있는 게 분명했으니까요. 우리는 이 주제를 자세히 연구할 필요가 있다고 느꼈어요. 그 결과 '데이비드의 실험을 직접적인 자극제 삼아 교도소 실험을 체계적으로 해봐야겠다'라는 결론을 내렸습니다.

본격적인 실험에 앞서 우리는 교도소를 조금 더 파악할 필요가 있었어요. 이를 위해 여름 학기에 '교도소의 심리학'이라는 수업을 진행했는데, 전직 재소자와 현직 교도관 등 교도소와 연관된 사람들을 수업에 참여시켰습니다. 칼로 프리스콧Carlo Prescott도 그중 한 사람이었어요.

그는 폭력적인 성향을 지닌 흑인 남성으로 무려 17년 동안 수감 생활을 했다고 하더군요. 죄목은 무장 강도였죠. 앞서 이야기한 수업 때문에 그를 만났는데 믿을 수 없을 정도로 말을 잘하더군요. 그래서 교도소 실험의 자문위원을 맡겼어요.

실험이 끝난 뒤에도 칼로와의 인연은 계속되었죠. 그에게 여러 강연을 주선해 주었거든요. 덕분에 오랜 시간 친한 친구로 지낼 수 있었어요. 아무튼 그 과정을 통해 교도소의 심리학에 대해 좀 더 자세히 알게 되었습니다. 스탠퍼드 교도소 실험의 준비 과정이나 마찬가지였죠.

여름 학기가 끝난 뒤 스탠퍼드와 관련 없는 학생을 모집하기 위해《팰로앨토타임스》에 다음과 같은 광고를 냈습니다.

모집: 교도소 생활 실험에 참가할 대학생 구함

기간: 1~2주

보수: 하루 15달러

광고를 보고 75명에게서 연락이 왔습니다. 크레이그와 커티스가 모든 지원자를 만나 인터뷰를 진행했죠. 그리고 그들을 대상으로 일곱 가지 척도로 이루어진 UCLA의 콤리 성격 검사Comrey Personality Inventory 외 여러 가지 심리 검사를 실시했어요.

이 결과를 바탕으로 심리적으로 안정적이고 신체적으로도 아무 이상이 없는 건강한 청년 20여 명을 무작위로 뽑았습니다. 그리고 교도관 역할과 죄수 역할을 임의로 배정했죠.

실험은 일요일에 시작하기로 했는데, 교도관 역할을 맡은 학생들에게 사전 지시를 내렸어요. 실험 당일이 아닌 하루 전 그러니까 토요일에 지정 장소로 모이라고 말이죠.

우리는 실험 전날 도착한 그들을 데리고 군인 용품을 파는 가게로 갔어요. 그들과 군복 스타일의 제복을 장만한 뒤 실험 장소인 조던홀 건물 지하로 이동했죠. 그러고는 교도관 역할을 맡은 학생들에게 '스탠퍼드카운티교도소' '금연' '독방' 등의 단어가 적힌 팻말을 직접 달도록 유도했습니다. 교도소가 자신들의 공간이라는 느낌을 갖게 하려는 의도가 숨어 있는 행동이었죠.

반면 수감자 역할을 맡은 학생들은 실험 당일인 일요일까지 기숙사에서 대기하도록 했습니다. 버클리나 다른 지역에서 온 학생들은 비서나 지인의 집으로 보내 기다리게 했죠.

당시 팰로앨토경찰서의 도움이 있었던 것으로 아는데요?

맞아요. 이 실험의 핵심은 팰로앨토경찰서의 새로운 경찰서장 제임스 저처James Zurcher에게 있었습니다. 사실 그와는 사전에 한 가지 약속을 했어요. 죄수 역할을 맡은 학생을 진짜 경찰이 체포해주기로 한 거죠.

실험 당일, 진짜 경찰이 죄수 역할을 맡은 학생들을 찾아가 체포했습니다. 미란다 원칙을 고지하고 수갑을 채운 뒤 사이렌이 울리는 순찰차에 태워 팰로앨토경찰서로 데려갔어요. 그들의 지문과 사진을 찍고 눈가리개를 씌운 뒤 진짜 유치장에 넣었습니다. 실제 범죄자에게 적용되는 입건 절차를 그대로 따른 거죠.

경찰이 다음 죄수를 체포하러 갔다고 연락이 오면 크레이그와 커티스가 경찰서로 찾아가 죄수를 데려왔습니다. 조던홀 지하실에 재현된 교도소로 이송한 거죠.

우리는 발가벗겨진 채 여전히 눈가리개를 하고 있는 그들을 커다란 거울 앞에 세우고 눈가리개를 벗겼습니다. 죄수 역할을 맡은 학생은 그제야 스탠퍼드 교도소 복도에서 벌거벗은 채 서 있는 자신을 발견하게 되었죠.

그다음에는 죄수복을 입게 했습니다. '제도적 비개인화의 시작'을 알리는 거죠. 죄수복은 헐렁한 스타일의 원피스였는데 속옷도 제공되지 않았어요. 죄수복에는 비서 로잔이 직접 바느질한 수감 번호가 꿰매져 있었고요. 사실 죄수들의 머리카락도 밀려고 했는데 1971년 대학생에게 그것은 너무나 중요한 미적 요소였죠. 머리카락을 밀면 실험을 그만둔다고 할까 봐 차마 거기까지는 손을 대지 못했어요. 대신 그들의 머리에 여성용 나일론 스타킹 캡을 씌웠습니다. 개성을 최소화하고 통일성을 높여 모두가 비슷하게 보이도록 하기 위해서였죠.

현실에서와 마찬가지로 실험에서도 죄수 역할을 맡은 사람의 자유는 당국만이 돌려줄 수 있도록 했습니다. 현실과 같은 조건을 만들기 위해 가석방심사위원회를 만든 거죠.

아마 실험동의서에 서명한 피험자가 정해진 날짜에 스탠퍼드 교도소로 와서 "실험하러 왔는데요"라고 말한 뒤 실험을 시작했다면 결과는 크게 달라졌을 겁니다. 자발적으로 자유를 포기했기 때문에 실험이 '힘들다'라는 생각이 들면 가석방심사위원회를 통해 직접 자유를 되찾으려고 했을 겁니다. 한마디로 실험을 쉽게 그만두었을 거라는 이야기죠. 저는 이런 일이 일어나는 것을 원하지 않았어요.

"내일 스탠퍼드에서 실험을 시작합니다"

경찰서장과의 뒷이야기를 부탁드립니다.
그에게 어떤 실험을 한다고 이야기했나요?

그해 많은 대학생이 베트남전쟁에 반대하는 시위를 벌였죠. 학교 유리창을 깨고 기물을 파손하면서 말이죠. 우리 학교도 마찬가지였고요.

당시 스탠퍼드대학교 총장은 켄 피처Ken Pitzer였는데, 라이스대학에서 새로 임명되어 온 지 얼마 안 된 때였어요. 이런 혼란을 경험한 적 없던 그는 결국 학생을 진압하기 위해 캠퍼스로 팰로앨토 경찰을 출동시켰죠. 그 과정이 얼마나 격렬했는지 몰라요. 경찰과 스탠퍼드 학생이 서로 뒤엉켜 몸싸움을 벌이는 모습이 신문에 날 정도였으니까요. 안 좋은 모습이었죠. 더는 상황을 지켜볼 수만 없어 총장을 찾아가 말했습니다.

"제발 경찰에게 철수하라고 하세요. 경찰이 캠퍼스에서 나가준다면 더는 폭력 사태가 발생하지 않도록 조치하겠습니다."

"부도덕하고 불법적인 전쟁에 저항할 권리가 학생들에게 있지만, 반드시 평화롭게 해야 한다는 사실을 그들도 알아야 합니다. 공공기물 파손 행위는 법으로 처벌받는다는 사실을 말이에요."

"그들에 대해 잘 압니다. 그들 가운데 상당수가 제 학생이고요. 앞으로는 이런 일이 없을 겁니다."

다행히도 총장은 제 요청을 들어주었고, 덕분에 상황은 진정 국면으로 접어들었습니다.

이 일이 있고 나서 바로 팰로앨토경찰서를 찾아갔습니다. 경찰서장에게 경찰과 학생 사이에 놓인 팽팽한 긴장 관계를 풀고 싶다고 말했죠. 경찰 몇 명이 학교 기숙사에서 저녁을 먹고 리더 학생을 순찰차에 태우고 다니면 관계 회복에 도움이 될 것 같다고요. 그렇게 1~2주 정도 했더니 분명 진정 효과가 있었습니다.

얼마 후 서장을 다시 만났습니다. 4, 5월쯤이었던 것으로 기억해요. 서장에게 "여름에 교도소 실험을 하려고 하는데, 신입 경찰 몇 명이 죄수로 참가해주면 좋겠습니다. 색다른 경험을 쌓을 수 있지 않겠어요?"라고 말했더니 흔쾌히 허락하더군요.

어느덧 8월 13일 토요일이 되었습니다. 실험은 14일 일요일에 시작되는 것으로 예정되어 있었죠. 불현듯 '서장이 약속을 지키지 않을지도 모른다'라는 뉴요커 특유의 의심이 들기 시작하더군요. 순찰차가 시내 도처에 있는 죄수를 체포해 오기로 했는데, 분명 위험한 일이었죠. 서장이 발을 뺄지도 모른다는 불안감에 대비책을 세워놓기로 했습니다.

실험 전날 밤, KGO 방송국으로 전화를 걸었습니다.

"내일 스탠퍼드대학교에서 실험을 시작합니다. 아주 볼만할 거예요. 지금까지 한 번도 시도한 적 없는 아주 극적인 실험이거든요. 촬영 팀을 보내주면 독점권을 드리죠. 운전은 제가 할 테니 같이 가기만 하면 됩니다."

다음 날 아침 8시, 방송국에서 카메라맨 한 명을 보내겠다고 연락이 왔어요. 마다할 이유가 없었죠. 카메라맨과 경찰서로 갔습니다. 마침 시선이 마주친 한 경사에게 물었죠.

"서장님이 특별 프로젝트를 위해 별도의 순찰차를 준비해주겠다고 했는데요."

경사는 지시받은 바가 없다고 하더군요.

"서장님한테 연락 좀 할 수 있을까요?"

"일요일 아침 10시잖아요. 연락 못 받으실 겁니다."

"하지만 서장님이 도움을 준다고 약속했어요. 곧 실험을 시작해야 합니다."

"미안하지만 명령이 없으면 아무것도 할 수 없어요."

바로 그때 기적처럼 아침 교대 근무를 끝낸 경찰 두 명이 경찰서로 들어왔습니다. 그들에게 다가가 말했습니다.

“방금 교대 근무를 마치셨다고요? 그렇다면 한 시간 정도만 저를 도와주실 수 있을까요? KGO 방송국 카메라맨이 학생들을 체포하는 장면을 찍으려고 하거든요.”

그 말을 듣자마자 경찰 한 명이 빗을 꺼내 들더니 머리를 빗으러 갔습니다. TV에 잘 나오려고 그런 거겠죠. 한고비를 넘겼다고 생각했습니다. 경찰에게 죄수 역할을 맡은 학생들의 주소 목록을 건네주고 한 명씩 시립 교도소로 데려가 달라고 부탁했어요. 공식적인 체포 절차대로 입건해줄 것을 신신당부했죠.

저는 다른 차로 카메라맨과 그들을 따라갔고요. 그렇게 모든 죄수를 체포하기까지 약 두 시간이 걸렸습니다.

그런데 여기서 신기한 점을 하나 발견했어요. 경찰관은 모두 빛이 반사되는 은색 선글라스를 끼고 있더군요. 사실 그 선글라스는 이 실험의 한 테마이기도 했거든요. 혹시 폴 뉴먼Paul Newman이 주연으로 나온 영화 〈폭력 탈옥Cool Hand Luke〉을 봤나요? 영화를 보면 빛이 반사되는 은색 선글라스가 교도관의 익명을 유지하는 중요 수단으로 사용되는 것을 알 수 있습니다. 거기서 아이디어를 얻은 우리는 실험 기간 내내 그 선글라스를 쓰기로 했어요. 학생들을 체포한 경찰은 우연히 그것을 쓰고 있었고요. 참 재미있지 않나요?

체포되었을 때 학생들은 그것이 실험의 일부라는 사실을 알았나요? 항의하거나 반발한 사람은 없었나요?

학생들은 저항하지 않았습니다. 경찰은 그들을 체포할 때 정식 절차를 그대로 따랐고요. 예를 들면 이런 식이었죠. 죄수 역할을 맡은 학생의 집을 찾아간 경찰은 우선 문을 두드려요. 그리고 이렇게 말하죠.

"팰로앨토경찰서의 ○○○입니다. ○○○ 씨가 맞습니까? 당신은 절도 혐의로 수배 중입니다. 당신은 묵비권을 행사할 권리가 있고 변호사를 선임할 수 있습니다."

죄수 역할을 맡은 학생 9명 모두 똑같은 과정을 거쳤어요. 그들을 발견한 경찰은 자동차 위에 손 얹게 한 뒤 온몸을 수색했습니다. 그리고 수갑을 채우고 순찰차로 데려가 뒷좌석에 태웠어요. 주변 사람들은 빨간 불이 번쩍이는 사이렌이 정신없이 울리는 가운데 상황을 파악하기 위해 우리를 주시하고 있었습니다. 조용한 팰로앨토의 어느 일요일 아침 10시 30분의 풍경이었죠.

실험이 끝나고 나서 한 학생이 이렇게 말하더군요.

"체포되는 순간 내가 아무 짓을 하지 않은 걸 알면서도 죄책감이 들었어요. 공공기물 파손 등 그동안 잘못한 일이 주마등처럼 스쳐 지나갔어요."

다시 한번 말하지만 경찰도 정말 진지했어요. 수송 도중 일부 죄수가 농담을 하자 "이건 웃을 일이 아니야. 아주 심각한 상황이다"라고 말할 정도였죠. 순간 죄수 역할을 맡은 학생은 '맙소사! 뭔가 착오가 있는 게 분명해'라고 생각했겠죠.

팰로앨토 시내에 있는 교도소에 갔을 때도 마찬가지였어요. 교도관에게 죄수 역할을 맡은 학생들이 도착하면 "입 다물고 조용히 해. 묻는 말에만 대답해!"라고 말해 달라고 부탁했거든요. 그 이야기는 곧 '너는 무언가 잘못을 저질렀다. 곧 재판에 넘겨지고 판사가 형량을 결정할 것이다'라는 뜻이죠. 학생들은 순식간에 얼어붙기 시작했습니다.

우리 실험은 재판 전 구금 과정을 다룬 거잖아요. 경찰과 교도관의 행동은 결국 수감자들에게 재판 전까지 며칠 또는 몇 주 동안 갇혀 있을 수도 있다는 신호를 보내준 셈이었죠. '무언가 잘못했으니 대가를 치러야 할 것이다'라고 말이에요.

경찰서에서 스탠퍼드 교도소로 이송되는 동안
그들은 무슨 생각을 했을까요?

학생들은 눈가리개를 쓴 상태였습니다. 누가 차를 운전하고 있는지도 몰랐어요. 아마 순찰차라고 생각했겠죠. 우린 죄수 역할을 맡은 학생들을 태운 뒤 아무 말도 하지 않고 경찰서로 이동시켰거든요.

그럼 입건 때부터….

네, 대학원생 크레이그가 운전했고 또 다른 대학원생 커티스가 뒷좌석에 앉아 있었습니다. 당연히 대화는 금지였고요.

우리는 죄수를 한 명씩 차에서 내리게 한 뒤 조던홀 지하실로 데려갔습니다. 그들을 발가벗기고 소독을 했어요. 세균이 있을지도 모른다는 의미였죠. 교도관들은 벌거벗은 죄수들을 보며 성기가 작다고 놀렸습니다. 아주 굴욕적인 시간이었죠. 일주일 동안 밤낮으로 견뎌야 할 모욕은 그렇게 시작되었습니다.

곧바로 시작된 거군요.

즉시 시작되었죠. 아침 10시 9명이 입소를 시작했는데 오후 4시쯤에야 비로소 완료되었어요. 그렇게 그들은 죄수복을 입고 감방으로 들어갔죠. 감방은 1번 방, 2번 방, 3번 방 총 3개였는데 원래 학생 사무실로 사용한 곳이었죠.

데이비드 제페는 상황에 아주 잘 대처했습니다. 수감자 가운데 몇몇이 킥킥거리자 "나는 이곳의 소장이고, 지금은 웃을 상황이 아니다"라고 소리치더군요. 덧붙여 "지금부터 이곳의 규칙을 설명하겠다. 이 중에서 하나라도 위반하면 독방에 감금되거나 다른 종류의 처벌을 받는다. 열두 가지 법칙은 다음과 같다"라며 스탠퍼드 교도소의 규율을 설명했습니다. 그렇게 공식적으로 실험이 시작되었죠.

교도소 규율은 데이비드와 교도관들이 함께 만들었습니다. 저는 이 일에 개입하지 않았어요. 사실 규율이나 규칙이 있어야 한다는 생각조차 못했거든요. 하지만 데이비드는 달랐어요. 그는 "이곳에서 개인의 이름은 잊어라. 대신 본인의 수감 번호를 기억해라. 앞으로는 이름 대신 수감 번호로만 불릴 것이다. 식사는 정해진 시간에만 한다. 교도관을 교도관님이라고 불러라"라는 식으로 아주 사소한 것까지 규칙을 생각해놓았더군요. '탈출을 시도하면 엄중한 처벌을 받는다'라는 항목도 있었죠.

죄수와 교도관의 상호작용은 전부 녹음 자료로 남아 있습니다.

교도소 세트도 궁금합니다.
감방이 3개 있었죠?
실험 첫날, 교수님과 대학원생들은 어디서 무엇을 하고 있었나요?

앞서 이야기했듯이 실험 장소는 조던홀 건물 지하였습니다. 실험 전 한쪽 벽에 작은 구멍을 뚫어 비디오카메라를 설치했죠. 검은 그물망으로 구멍을 가렸기 때문에 복도에서는 카메라가 보이지 않았습니다. 우리는 그 스크린 뒤쪽에 있는 복도에 있었어요. 스태프들이 휴식을 취하는 방도 그곳에 있었는데, 실험 중반 신경쇠약을 보이는 수감자들을 진정시킬 때 사용하기도 했죠.

그곳에 앉아 있으면 모든 소리가 다 들렸어요. 하지만 죄수들은 자신이 어떤 식으로 관찰당하는지 전혀 알 수 없었죠. 연구진이 그들을 직접 관찰할 때도 있고 그렇지 않을 때도 있었거든요. 처음에는 한 명 이상의 연구진이 그곳에서 잠을 잤지만 나중에는 비번일 때가 많았어요. 우리는 그 복도를 '교도소 운동장'이라고 불렀습니다.

당시 사용한 비디오는 1인치 암펙스Ampex, 미국 전자기업의 브랜드명-옮긴이였는데, 필름이 한 롤에 70달러 정도로 엄청나게 비쌌어요. 현상하는 데도 많은 비용이 들었죠. 24시간 현장 모니터링을 했지만 비디오는 하루에 몇 시간밖에 촬영할 수 없었습니다. 비용의 압박 때문에 비디오로 관찰할 사항을 미리 정해야 했어요. 식사, 면회, 체벌 등 제한적으로 촬영을 이어 나갔습니다.

결과적으로 6일 동안 촬영한 분량이 12시간 정도밖에 안 됐어요. 정말 유감이죠. 요즘의 디지털 기술이 있었다면 더 많은 기록을 남겼을 겁니다.

권력이 지배하는 교도소 실험의 탄생

오디오 녹음은 많이 했나요?

오디오 기록 시간은 훨씬 깁니다. 아주 느린 속도로 녹음했거든요. 죄수들 모르게 감방 안에서 일어나는 일도 녹음했는데, 아주 흥미로운 정보가 나왔습니다.

실험 첫날은 상황 자체를 심각하게 받아들이는 사람이 없었어요. 당시는 1971년이었고, 교도관을 맡은 학생 전부가 반전운동가였죠. 일부는 당시 시작된 페미니즘 운동에도 참여하고 있었어요. 게다가 저를 비롯해 대부분이 영화 〈헤어Hair〉에 나오는 주인공 같았거든요. 얼굴 양쪽을 수북하게 덮은 수염, 장발, 곱슬거리는 머리 등 지금 생각하면 너무 촌스럽지만 그때는 그게 멋이었어요. 아무튼 그런 사람들이 갑자기 군복을 입게 된 거죠.

특히 교도관 역할을 맡은 학생들은 몸에 잘 맞지도 않는 제복을 입고 상당히 어색해했죠. 게다가 그들은 반경찰, 반군대주의자였어요. 죄수 역할을 맡은 학생들은 "이건 바보 같은 짓이야!"라고 말했고요.

처음 교도소 실험에 지원했을 때 죄수 역할을 맡은 학생들은 감방에서 기타를 치고 카드놀이나 하면서 시간을 죽이면 된다고 생각했어요. 그런데 갑자기 교도관들이 점호를 시키고 팔굽혀펴기를 시켰습니다. 그 외에도 망신스러운 일을 끊임없이 명령했죠. 죄수들은 이런 일을 하려고 실험에 지원한 게 아니라고 생각하기 시작했습니다.

그런 억압적인 행동은 누가 생각해낸 거죠?
교도관이 자연스럽게 한 행동인가요?

교도관 스스로 한 행동입니다. 교대 근무조의 교도관이요.

교도관 역할을 맡은 학생들이 죄수 역할을 맡은 학생을 통제하려고 했나요?
왜 그런 일이 일어났을까요?

교도관들과의 첫 미팅은 녹음되어 있습니다.

저는 그들에게 일련의 책임을 허락했어요. 물론 누군가를 해쳐도 된다는 허락은 아니었습니다. 신체적 처벌을 가해선 안 된다고 분명히 말했거든요. 하지만 심리적 형벌은 막지 않았어요.

"여긴 여러분의 교도소이고, 이곳에 있는 사람은 여러분의 죄수입니다. 한계는 있지만 여러분에게 책임이 있어요. 만약 죄수가 도망가면 실험과 연구도 끝나게 되겠죠. 법과 질서는 유지되어야만 합니다."

이게 요지였죠. 교도소에서 가장 중요한 건 '힘'이었습니다. 교도관은 그 힘을 가지고 있었으며, 죄수는 여러 방법으로 그 힘을 빼앗으려고 했죠.

실험 첫날을 보내고 커티스와 데이비드, 크레이그 등 연구진을 불러서 다음과 같이 이야기했습니다.

"별로 효과가 없군. 많은 시간과 노력을 들였지만 계속 이런 식으로 진행된다면 내일 실험을 그만두어야겠어."

그때까지만 해도 죄수 역할을 맡은 학생들이 연신 웃어 대고 있었거든요. 교도관 역할을 맡은 학생들은 피식거리는 그들을 향해 "제발 좀 진지하게 받아줘"라고 호소했고요.

그런데 실험 둘째 날, 1번 방과 2번 방의 죄수들이 반란을 일으켰습니다. 그들은 스스로를 감방 안에 가두고 수감 번호를 찢었어요. 나일론 스타킹 캡을 벗어던지며 교도관에게 욕을 하기 시작했죠. 야간 교대 근무가 끝난 때였습니다.

갑자기 이런 일이 일어난 이유는 뭔가요?

정확한 이유는 모르겠습니다. 아마도 비인간적인 대우 때문이 아니었나 싶어요. 그들은 수감 번호로 불리는 것은 물론 명령받는 것도 싫다고 했거든요. 이런 대우를 받으려고 실험에 지원한 게 아니라고 말이죠. 존엄성을 무시당하는 교도소 생활이 문제라는 거였죠.

야간 교대조 교도관이 제게 와서 물었습니다.

"교수님, 어떻게 해야 할까요?"

"너희 교도소다. 어떻게 하고 싶은가?"

"인력이 더 필요합니다. 이대로는 감당할 수가 없어요."

원래는 3인 1조로 이루어진 총 9명의 교도관이 8시간마다 교대 근무를 하기로 했거든요. 교체 상황에 대비해 예비 교도관과 죄수를 3명씩 더 두었고요. 총 24명이었죠.

아무튼 그들의 요청으로 교도관 12명을 모두 불러들였습니다.

반란의 주동자는 수감 번호 8612번이었는데, 그는 매우 영리했어요. 계속 소리 지르고 욕을 하며 교도관 역할을 맡은 학생에게 굴욕감을 주었습니다. 실험 36시간 만에 가장 먼저 신경쇠약 증상을 보인 것도 그였죠.

8612번은 덩치가 좀 작은 교도관에게 "X만 한 게, 여기서 나가면 가만 안 둬!"라고 소리쳤고, 모욕을 당한 교도관은 "그렇게 하던가! 어디 두고 보자고!"라고 대답했죠. 어느새 '역할 연기'가 '개인적인 문제'로 변한 겁니다.

얼마 후 죄수들은 감방 문에 바리케이트를 치기 시작했어요. 어디서 구해 왔는지 모르겠지만 밧줄로 문을 묶어 교도관이 못 열게 했죠. 그들은 나름 안전해진 감방 안에서 교도관을 향해 소리를 지르고 욕을 하기 시작했습니다. 그 모습을 보고 '큰일 났구나' 싶었죠.

예비 인력까지 동원해 12명의 교도관이 바리케이트를 부수고 감방 문을 열었습니다. 그리고 죄수들을 발가벗겼습니다. 일부는 묶어놓기도 했고요. 오래된 상자와 서류함이 쌓여 있던 복도 옷장은 독방으로 사용되었죠. 교도관은 너비 122센티미터, 높이 305센티미터, 깊이 95센티미터 정도 되는 그 공간에 죄수 두 명을 가뒀습니다. 주동자인 8612번과 또 다른 한 명을요. 그 외 나머지는 알몸 상태로 묶인 채 바닥에 누워 있었어요.

3번 방은 별다른 반항을 하지 않는 '착한 방'이었죠. 그럼에도 "너희는 식사할 권리를 상실했다. 저녁으로 아무것도 주지 않을 거다. 대신 1번 방에 특식을 넣어주겠다"라는 소리를 들어야 했습니다. 실제로 교도관은 1번 방 죄수들을 감방 밖으로 나오게 하고 특별한 음식을 제공했죠.

그 모습을 본 2, 3번 방 수감자들이 "먹지 마! 제발 음식을 먹지 마! 우리 편이 되어줘!"라고 외쳤지만 1번 방 죄수들은 음식을 먹어버렸죠. 바로 그 시점부터 분위기가 바뀌었습니다.

교도관 가운데 한 명이 "그들은 매우 위험해. 우리가 통제해야만 해"라고 말했거든요.

야간 근무조의 교도관들은 죄수들을 지배할 수 있다는 것을 증명해 보이기 위해 잔인하게 행동하기 시작합니다. 그 순간부터 그곳은 실험 장소가 아니라 심리학자들이 운영하는 교도소가 되어버렸어요. 권력이 지배하는 감옥 말이죠.

실험 진행이 걱정스러울 정도였나요?

교도관들이 감방 문을 부수고 들어가 죄수들을 끌어낼 때 물리적 폭력이 사용된 것에 대한 우려는 있었죠. 제가 나선다고 막을 수 있는 사태도 아니었고요. 상황이 어느 정도 진정되는 것을 지켜본 뒤, 교도관들을 모아놓고 경고했습니다.

"지금 이 순간부터 물리적인 힘을 사용해서는 안 됩니다. 곤봉을 상징적으로 사용하는 것도 금합니다. 앞으로 죄수들에게 신체적 접촉을 하거나 물리적 폭력을 가하는 사람은 즉시 실험에서 제외시키겠습니다."

그러자 교도관들은 재빠르게 직관적 심리에 의존하기 시작했어요. 3개 방끼리 대립하게 만들었죠.

예를 들어 416번이 소시지를 먹기 싫다고 하면 그 방에 있는 전원에게 음식을 주지 않을 거라는 엄포를 놓았습니다. 어느 방의 누군가가 말을 듣지 않으면 나머지 죄수들의 면회 시간을 취소하겠다는 식이었죠. 이 전략은 효과가 있었어요. 수감자들이 서로 등을 돌리기 시작했거든요. 일례로 신경쇠약을 일으킨 한 수감자가 몇 시간 동안 고함을 질렀지만 아무도 도와주지 않았어요. "정신 차려, 친구"라고 말해주는 사람조차 없었죠. 단결이 사라진 거예요. 이는 매우 중요한 포인트로, 앞으로 일어날 일에 대해 많은 점을 시사하고 있죠.

그 이유는 무엇일까요?

모릅니다. 죄수 역할을 맡은 학생들이 각자도생의 태도를 보인 게 이 시점부터였거든요. 그들 사이에는 유대가 전혀 없었어요. 실제 교도소도 그렇지는 않거든요.

이 실험은 사실 포로수용소 스타일의 실험입니다. 포로수용소에는 모든 죄수가 비슷한 시간에 입소합니다. 하지만 실제 교도소에는 역사가 있죠. 개중에는 수십 년 복역한 사람도 많으니까요. 새로 들어온 사람에게는 기존의 규칙이 주입됩니다. 이로 말미암아 해도 되는 일과 하면 안 되는 일, 이로운 일, 대가를 치러야 하는 일 등을 알게 되죠. 하지만 스탠퍼드 교도소에서는 모두가 처음입니다. 모든 것이 새로웠어요.

개인적으로 매우 흥미로운 일이었죠. 상상조차 할 수 없던 일이 일어나고 있었으니까요.

상상조차 할 수 없던 일이라는 게 무엇인가요?

신기하게도 3명으로 이루어진 각각의 근무조마다 우두머리 역할을 하는 교도관이 꼭 한 명씩 나왔어요. 앞장서서 명령을 내리는 사람, 즉 1번 교도관이 있다는 뜻이죠. 그들은 죄수에게 벌을 주고 다른 교도관에게 시킬 일도 결정합니다. 다음 근무조에게 업무를 인수할 때마다 "아무개가 말썽을 부리고 있어. 그에게 본때를 보여줄 필요가 있다고" 같은 사항을 전달하는 식으로요. 상대적으로 3번 교도관은 수동적이고 죄수에게도 호의적이었습니다. 음식을 가지러 가는 등의 수동적인 업무를 선호하고, 복도에 있는 시간을 줄이려고 애를 썼죠. 복도에서는 늘 문제가 일어나니까요.

만약 2번 교도관이 너그러운 3번 교도관과 뜻을 함께하면 그 근무조의 권력은 '부드러운 특징'을 띠게 됩니다. 반면 2번 교도관이 지배적인 1번 교도관에 동조하면 '부정적 특징'을 띠게 되죠. 그런데 모든 근무조에서 2번 교도관은 권력을 가진 1번 교도관 쪽에 붙었어요.

왜 그런 현상이 일어났다고 생각하나요?

권력은 지배력과 통제권을 선물합니다. 매우 흥미롭고 재미있는 힘이죠. 그래서 힘은 위에서 아래로 흐릅니다. 보통 지배적인 1번 교도관이 2번 교도관에게 명령을 내리면 2번 교도관이 3번 교도관에게 명령을 전달하는 식으로요.

앞서 이야기했듯 3번 교도관은 착한 교도관입니다. 그런데 그들 역시 나쁜 교도관의 그릇된 행동을 적극적으로 막아서지는 않았습니다.

"이봐, 우린 하루에 15달러밖에 못 받잖아. 8시간 일하는 것 치고는 절대로 많은 보수가 아니야. 그러니 교도관실에 앉아 카드놀이나 하는 게 어때?" 또는 "이렇게까지 열심히 할 이유가 도대체 뭐야? 누가 알아주는 것도 아닌데. 우리 그냥 놀아도 돼"라고 말하는 사람이 없었어요. 1번 교도관들처럼 적극적으로 나쁜 행동을 하지는 않았지만, 그렇다고 다른 교도관들의 가학적인 행위를 막아서지도 않았다는 뜻입니다.

앞서 이야기했듯 연구진은 죄수 역할을 맡은 학생의 관점을 파악하려고 녹음기와 연결된 마이크를 감방에 숨겨놓고 그들의 대화를 도청했습니다. 덕분에 그때그때의 상황을 알 수 있었죠. 죄수들은 탈출 계획을 세우고, 음식이 끔찍하다고 불평을 늘어놓고, 어떤 교도관이 악랄하고, 어떤 교도관을 회유할 수 있는지 등에 대한 이야기를 나누었어요.

그런데 이들의 대화를 살펴보던 중 재미있는 사실 하나를 발견했습니다. 신기하게도 그들은 과거나 미래에 대한 이야기를 거의 나누지 않더군요. 서로 모르는 사이였지만 "여기서 나가면 뭘 할 거야?" "여름 방학에 뭐했어?" "전공이 뭐야?" 같은 질문을 하는 사람이 없었어요. 새로운 사람을 만났을 때 통상적으로 하는 "어느 학교 다녀?" 같은 질문조차 하지 않았습니다.

홍미롭게도 죄수 역할을 맡은 학생들은 스스로 교도소 생활을 더욱 힘들게 만들고 있었어요. 심리적으로 말이에요. 부정적인 현재를 살고 있었던 거죠. 공상 같은 걸 할 수 있는 시간이 분명 있었거든요. "이번 실험 참가비를 받으면 여행을 떠날 거야. 그리고 자전거를 사고 싶어" 같은 이야기를 할 수도 있는 거잖아요. 하지만 현재 상황에 대한 부정적 대화밖에 오가지 않았어요. 그들이 암묵적으로 '현재라는 시간대를 살기로 선택했다'는 사실이 홍미롭게 다가왔습니다.

교도소 실험이 끝나고 나서 '시간관과 심리학'을 연구하기 시작한 것도 그 때문이었죠. 동시대의 사람들이 서로 다른 시간대에 살고 있다는 것, 과거와 현재와 미래 중 어느 시간대에 집중하는지에 따라 삶의 태도가 결정된다는 것. 이 연구를 바탕으로 집필한 게 바로 《나는 왜 시간에 쫓기는가The Time Paradox》입니다.

전 세계적으로 수백 명의 연구자가 시간관을 연구하는데, 이때 대부분 '짐바르도 시간관 검사ZTPI, Zimbardo's Time Perspective Inventory'를 사용합니다. 시간관의 개인적 차이에 대해 가장 신뢰할 수 있고 유효한 측정 기준이거든요. 제가 시간관 연구를 시작한 게 1972년이었는데, 수십 년이 지난 오늘날까지 관련 연구가 활발하게 이루어지고 있어요.

소문의 심리 &
소문의 진상

실험 이틀째와 사흘째로 돌아가겠습니다.
눈앞에서 극적인 변화를 목격했는데요.

맞아요. 극적인 변화가 일어났어요. 특히 수감 번호 8612번은 주목할 만했어요. 앞서 말했듯 그는 팰로앨토 경찰에게 체포된 지 36시간 만에 극심한 신경쇠약 증상을 보였습니다. 통제 불능 상태로 마구 비명을 질러 대기 시작했어요. 믿을 수가 없었죠.

칼로를 자문위원으로 두었는데,
그가 어떤 조언을 해주었나요?

앞서 이야기했듯 17년 동안의 수감 생활을 끝내고 사회로 돌아온 지 얼마 안 된 칼로 프리스콧을 실험의 자문위원으로 뒀습니다. 그는 교도관이 죄수를 너무 무르게 대한다면서 좀 더 세게 나갈 필요가 있다고 하더군요. "진짜 교도소에서는 교도관이 곤봉으로 재소자의 두개골을 깨부숩니다. 조금이라도 약한 모습을 보이는 교도관은 재소자들이 가만두지 않거든요" "우는 모습을 보이는 재소자는 다른 재소자의 성적 노리개가 되고 모두에게 괴롭힘을 당합니다" "현실성이 떨어집니다. 교도관은 좀 더 강하고 비열해야 합니다"라고 하면서 계속 저를 몰아붙였죠. 그럴 때마다 그에게 "물리적인 힘을 행사해선 안 됩니다"라고 반복했어요.

암묵적으로 심리적 학대를 조장하거나 허용했나요?

아직은 허용하고 있는 상태입니다. 때리는 건 안 된다고 말했지만 언어적 폭력이나 심리적 조종은 그냥 두었죠. 교도관이 수감자에게 굴욕을 주고 지배권을 행사하는 것을 묵인했습니다. 교도관 역할을 맡은 학생들은 전략적으로 죄수 역할을 맡은 학생들을 모욕하고 비하하고 서로 고립시켰어요. 예를 들어 수감자를 일렬로 세워놓고 한 명을 지목해 이렇게 말합니다.

"서로 멍청이라고 말해. 저놈에게 병신이라고 해. 저 새끼에게 개자식이라고 해!"

얼굴에 침을 뱉으라고 한 적도 한 번 있었을 거예요. 팔굽혀펴기를 하고 있는 다른 수감자의 등을 밟으라는 명령도 했습니다. 서로를 등지게 만드는 행동을 시킨 거죠. 그렇게 수감자들의 화합과 단결을 깨뜨렸습니다.

극심한 신경쇠약을 보이던 8612번이 떠난 뒤 수감자들 사이에서 이상한 소문이 떠돌기 시작했습니다. 사실 8612번은 연기를 한 것이고, 곧 친구들을 데리고 돌아와 교도소의 수감자들을 해방시킬 거라는 이야기였죠. 절대 일어나서는 안 될 일이었어요.

다급한 마음에 경찰서에 전화를 걸어 경사에게 "여기 문제가 좀 생겼습니다. 수감자들을 교도소로 옮기고 싶습니다"라고 말했습니다. 당시 유니버시티 애비뉴 시내 근처에 교도소가 있었거든요. 얼마 뒤 그 경사에게 "죄송한데 시청에서 보험상의 위험이 커서 안 된다고 합니다"라는 대답이 돌아왔어요.

직접 경찰서로 찾아가 이 문제로 언쟁을 벌였죠. 경찰의 눈에는 분명 미친 사람처럼 보였을 겁니다. 이성을 잃은 상태였거든요.

"당신들은 기관 협력이라는 것도 모릅니까? 저라면 부탁을 들어줬을 겁니다."

하지만 경찰은 침착하게 대응하더군요.

"저희가 도울 수 있는 방법이 없어요. 개인적으로는 얼마든지 도와드리고 싶죠. 돌아가서 다른 해결책을 찾아보세요."

새로운 계획이 필요하다는 생각이 들었습니다.

정말 8612번이 문제를 일으킬 거라고 생각했나요?

네. 우리 연구진은 수감자들이 감방 내에서 나눈 이야기를 통해 8612번과 관련된 소문을 엿들을 수 있었죠. 그가 돌아와 수감자들을 탈옥시킬 거라는 이야기 말이에요. 소문의 진상을 알아보지도 않고 사실로 받아들인 겁니다.

저는 이미 심리학I 수업을 통해 '소문의 심리'를 실험한 경험이 있거든요. 그런데 실제 상황에 놓이고 보니 '소문에 대한 정보를 수집해야 한다'라는 기본적인 생각조차 들지 않더군요. 바로 연구진을 모아 놓고 말했죠.

"모든 수감자에게 눈가리개를 채우고 5층 창고로 데려갑시다. 8612번이 쳐들어오기 전에 문을 떼어버리는 건 어때요. 나는 여기 복도에 앉아 있다가 그들이 오면 실험은 끝났다고 할게요. 그럼 즉각적인 갈등은 수그러들 거예요."

그렇게 상황이 정리되면 기술자에게 부탁해 실험실 문에 이중 빗장을 걸 생각이었죠.

계획대로 수감자들을 5층 창고로 대피시킨 뒤 홀로 복도에 앉아 그들을 기다렸어요. 그런데 아무 일도 일어나지 않는 겁니다. 바로 그때 제 룸메이트였던 고든 바우어가 왔어요.

"여기서 뭐하는 거야?"

그에게 상황을 설명했죠. 이야기를 들은 그가 묻더군요.

"독립 변수는 뭐지?"

"수감자와 교도관을 무작위적인 상황 조건에 배치하는 거야. 그냥 현장 시연이지."

그리고 우리는 몇 마디 농담을 주고받았죠.

"수감자들은 지금 어디에 있는데?"

"5층."

결국 아무 일도 일어나지 않았습니다.

실험 종료를 선언할 무렵 상황은 점점 악화되고 있었어요. 교도관의 괴롭힘을 참다못한 수감자들이 가석방심사위원회를 만나러 갔거든요. 칼로 프리스콧이 이끌고 일반 주민으로 구성된 위원회였죠.

맡은 역할이 그 사람의 행동을 결정한다

이틀째 되던 날 '실험'이라는 단어 또는 개념이 사라졌다고 말했는데요.

맞아요. 사라졌어요.

면회 온 부모가 영향을 주진 않았나요?

그렇지는 않았어요. 면회 테이블에는 항상 교도관 한 명이 배치되었거든요. 상황을 감시한 거죠. 수감자는 면회 온 사람에게 "모든 게 다 좋아"라고 말하도록 명령받았어요. 물론 "시키는 대로 하지 않으면 면회가 끝난 뒤 상황이 더 나빠질 줄 알아"라는 협박도 있었죠.

칼로가 이끈 가석방심사위원회 이야기를 다시 해보도록 하죠.

이틀 동안 수감자 모두 칼로가 이끄는 가석방심사위원회의 심사를 받았습니다. 칼로는 가석방 위원장 역할에 깊이 몰입했어요. 알다시피 그는 이미 감옥에서 17년을 복역했잖아요. 이 말은 곧 가석방 심사를 16번 받았다는 뜻이죠. 일 년에 한 번씩 심사를 받는데 모두 거부된 거예요. 이런 이유로 그는 가석방심사위원회를 정말 싫어했습니다. 그런데 가석방심사위원회 위원장을 맡다니! 철천지원수로 생각하던 사람이 본인이 되어버린 거죠.

칼로가 학생 수감자에게 묻습니다.

"너희 인종이 교도소에 오는 경우는 흔치 않은데, 넌 너희 인종의 수치다. 무슨 죄로 들어왔지?"

"경찰 말로는 형법 453조를 위반했다고 했어요."

"경찰이 그렇게 말했다니, 그건 또 무슨 소리야? 그래서 죄를 지었다는 거야, 짓지 않았다는 거야?"

죄수는 울기 시작합니다. 하지만 칼로는 아랑곳하지 않고 서류를 읽는 척합니다. 앞에 놓여 있는 건 사실 백지였지만 그의 즉흥연기는 정말 훌륭했죠.

"장래 희망이 교사라고 되어 있는데, 맞나?"

"네, 선생님이 되고 싶어요."

"나라면 너 같은 범죄자한테 학생을 맡기지 않을 거다."

그는 계속 수감자들에게 굴욕감을 줍니다. 죄수는 서럽게 울고 있어요.

"이자를 당장 데리고 나가세요, 교도관님!"

칼로의 말에 따라 교도관들은 수감자를 끌고 나가죠.

얼마 뒤 그 수감자는 "할 말이 있는데 다시 가석방심사위원회에 갈 수 있을까요?"라고 묻더군요. 좋은 죄수가 되지 못한 것에 대해 사과하고 싶다면서요. 그가 상황을 얼마나 진지하게 받아들였는지 알 수 있는 일화죠.

모든 과정이 끝난 뒤 칼로 프리스콧이 말하더군요.

"아, 다시는 못하겠어요. 구역질이 나요. 제가 그렇게 싫어하던 인간이 되다니 말이에요. 의도한 것도 아닌데 저도 모르게 최악의 개자식이 되었네요!"

어떤 역할을 맡든 다 그런 현상이 나타났군요.

그래요. '맡은 역할이 그 사람의 행동을 결정'하는 겁니다. 그것이 스탠퍼드 교도소 실험에 담긴 가장 큰 메시지입니다. '실제 행동'이 무작위로 '주어진 역할'을 따라가는 거죠. 교도관 역할을 맡은 학생은 교도관이 되었고, 수감자 역할을 맡은 학생은 정말로 수감자가 되었습니다. 가석방심사위원회 위원장을 맡은 칼로 프리스콧 역시 심사위원장으로 변했고요.

이 과정에서 제가 큰 실수를 하나 저지르고 말았습니다. 저도 모르게 상황을 객관적으로 분석해야 하는 조사관에서 교도소 감독관으로 역할을 바꿔버린 거예요. 또 다른 실수도 있었는데, 사무실에 '교도소 감독관'이라는 팻말을 붙여놓은 거죠. 수감자를 면회 온 부모는 항상 교도소장을 먼저 만나야 했습니다. 돌아가기 전에는 감독관을 만나야 했고요. 그래서 그들은 저를 교도소 감독관으로 대할 수밖에 없었고, 저 역시 교도소 감독관으로 그들을 대해야 했죠.

교도소 감독관처럼 어떤 기관의 권위자가 되면 자연스럽게 조직과 조직원 쪽으로 팔이 굽습니다. 이 말은 곧 학생, 환자, 수감자 등 스쳐 지나가는 사람은 신경 쓰지 않는다는 뜻이에요. 권위자의 입장에서 그들은 가벼운 존재에 불과하니까요. 간호사, 의사, 교사, 교도관이 바로 그렇죠. 제가 그런 역할로 바뀌어버린 겁니다.

상황을 분석하는 조사관에서 교도소 감독관으로 역할이 전환된 것을 가장 잘 보여주는 사례가 하나 있습니다. 실험이 시작된 지 3일쯤 되었을 때 면회를 온 부모님이 있었어요. 면회일은 아마 화요일과 수요일 두 번 있었을 겁니다. 가석방 심사도 두 번 열렸고요.

아무튼 그 부모님이 아들을 만난 뒤 사무실로 왔습니다. 사실 그들은 8612번과 반란을 주도한 수감자의 부모였어요. 그들은 이렇게 망가진 아들의 모습을 처음 본다고 말하더군요.

"교수님, 시끄럽게 만들고 싶진 않지만…."

어머니의 말에 순간 머릿속에 빨간 경고등이 들어왔죠. '시끄럽게 만들 생각이 있으니까' 하는 말이잖아요. 곧장 학장이나 학과장을 찾아갈지도 모를 일이고요. 그래서 물었습니다.

"아드님의 문제가 무엇인 것 같습니까?"

"글쎄요, 교수님이 우리 아이에게 뭔가 잘못된 일을 하는 것처럼 느껴지네요."

이 말에 다시 물었습니다.

"아드님의 문제가 무엇인 것 같습니까?"

권위를 가진 사람으로 전환되는 첫 순간이었죠. '우리 쪽은 문제가 없다. 그쪽 아들은 뭐가 문제냐'라고 묻는 거니까요. 그러자 어머니가 대답합니다.

"아, 잠을 못 잔대요."

"평소 불면증이 있었나요?"

'상황의 힘'에 대한 실험에서 비롯된 문제를 '개인의 성향 문제'로 몰고 간 겁니다.

"아뇨, 아뇨. 평소에는 잘 자요. 아이 말로는 교도관이 '점호'를 하기 위해 밤새 깨운대요."

"당연합니다. 교도관은 수감자가 탈출하지 않았는지 확인해야 하니까요. 점호는 모든 수감자가 제자리에 있는지 확인하는 방법일 뿐입니다. 이해되십니까?"

"네, 무슨 말씀인지 잘 알겠어요. 저도 문제를 일으키려고 하는 건 아니에요. 다만…."

하지만 제 머릿속에서는 여전히 붉은 경고등이 요란하게 울리고 있었죠.

'그녀는 분명 문제를 일으킬 거야. 어떻게 해야 하지?'라는 생각이 든 순간 옆에서 침묵을 지키고 있는 수감자의 아버지가 눈에 들어왔어요. '그래, 성차별 카드를 쓰자!'라는 아이디어가 떠오르더군요.

"아버님께 묻겠습니다. 아드님이 이 실험을 감당할 수 없다고 여기십니까?"

과연 아버지는 뭐라고 대답했을까요?

"당연히 감당할 수 있죠. 리더십이 뛰어난 아이거든요."

아버지는 아들이 무슨 무슨 대표를 했다고 늘어놓기 시작합니다. 잠시 뒤 저는 자리에서 일어나 그에게 악수를 청했어요.

"만나서 반가웠습니다, 선생님."

그의 부인은 옆으로 내동댕이쳐진 거죠.

"다음 면회 시간에 또 뵙기를 바랍니다."

그날 밤 수감자의 어머니가 편지를 보내왔습니다. '정말 죄송하다'라는 내용의 편지였죠. 그런데 몇 시간 뒤 문제의 아들이 신경쇠약을 일으켰어요. 어머니의 생각이 옳았던 거예요! 아버지 역시 아들의 지친 얼굴을 보고 직접 이야기까지 나눴지만 권위를 가진 사람의 유혹에 넘어가고 말았죠. 아버지의 힘이 어머니의 힘을 누른 겁니다. 그 결과 남편은 모르는 사람에게 동조한 채 아들과 아내를 등져버렸습니다. 그 아버지에게 남자다운 대인배의 역할을 하도록 만드는 게 너무 쉬웠다는 사실을 떠올리니 정말 심난하더군요.

실험에서는 이런 디테일이 중요해요. 작고 사소한 부분에서 실험의 효과가 가장 잘 드러나죠.

'크리스티나 마슬라흐'라는 이름의 작은 영웅

뭔가 조치를 취하지 않으면 안 되겠다는 사실을 깨달은 계기는 무엇인가요?

실험 이틀째 신경쇠약을 일으키고 통제 불능으로 소리를 지르는 수감자가 또 나왔습니다. 그를 건물 내 대피소safe room로 데려가 이야기를 나누었죠.

이런 상황에서 크레이그 헤이니가 자리를 비울 일이 생겼어요. 하루였는지 그 이상이었는지는 잘 기억나지 않네요. 아무튼 크레이그가 집에 다녀와야만 했어요. 그래서 저와 커티스, 데이비드 셋이서 24시간 교대 근무를 하게 되었어요. 누구는 하루 세 번 음식을 가져오고 누구는 비디오를 촬영하고 누구는 가석방심사위원회를 처리해야 했죠. 가석방 심사를 준비하면서 칼로를 상대해야 했고, 우는 죄수를 다루면서 사제도 만나야 했습니다. 끝없이 이어지는 업무와 잡무까지 할 일이 너무 많았어요. 결국 기진맥진한 저는 2층 연구실로 올라가 소파에 누워 잠을 청했습니다. 그 와중에도 수감자가 신경쇠약을 일으키면 자리에서 벌떡 일어나야 했죠.

모든 사람의 스트레스가 극에 달한 시점이었습니다. 제 기억으로 커티스는 캠퍼스에 살았는데 아들이 아팠어요. 갑자기 집에 가야 하는 일이 종종 생겼죠. 그래서 24시간 돌아가는 실험을 두 사람이 감당해야 할 때도 있었어요. 힘든 시간이었습니다.

돌아오는 일요일에 실험을 끝내야겠다는 생각이 들더군요. 둘째 주까지 이어가는 건 도저히 불가능해 보였거든요.

원래는 둘째 주가 시작되기 전 실험과 상관없는 대학원생을 데려와 교도관, 수감자, 실험자 등을 인터뷰할 계획이었습니다. 그 시점에서 역할을 바꾸거나 실험 요소에 어떤 변화를 줄 것인지 점검하고 싶었거든요.

그중 한 명이 바로 스탠퍼드 대학원 제자이자 당시 연인이었던 크리스티나 마슬라흐Christina Maslach예요. 그녀는 그해 6월 버클리 대학교에 임용된 상태였어요. 지금 하는 이야기의 시점은 8월 중순입니다.

7월에 우리 두 사람은 함께 살자는 이야기를 나눴습니다. 서로의 직장 중간 지점인 샌프란시스코에 집을 구해 살면서 관계를 계속 발전시켜 나가기로 했죠. 결국 우리는 결혼에 골인하고 아이도 낳았어요.

아무튼 당시 크리스티나에게 교도소 실험에 대해 자세한 이야기는 하지 않았습니다. 탐색 행동 연구라고만 말했죠. 목요일에 그녀에게 전화가 걸려왔어요. 스탠퍼드 도서관에서 공부할 예정이니 늦은 저녁을 먹자고 하더군요. 그래서 밤 10시에 실험실이 있는 조던홀 지하로 오라고 했죠.

목요일 밤 10시, 그녀가 지하 교도소로 왔습니다. 8월 18일이었을 겁니다. 그곳에서 그녀는 매일 밤 10시에 일어나는 일을 목격합니다.

매일 밤 10시, 어떤 일이 일어나고 있었나요?

수감자들은 그 시간에 마지막으로 화장실을 이용할 수 있었습니다. 10시 이후에는 감방 안에 준비된 양동이에 소변이나 대변을 봐야 했어요. 냄새가 심하니까 다들 싫어했죠.

야간 근무조 교도관들이 가장 악질이었는데 수감자들은 그곳의 우두머리를 존 웨인이라고 불렀습니다. 서부 영화에 나오는 카우보이처럼 악랄하다는 의미죠.

화장실은 교도소 운동장에서 모퉁이를 돌면 바로 있었어요. 하지만 야간 근무조는 죄수들을 엘리베이터에 태워 5층으로 데리고 올라가 복도를 지나게 했습니다. 어디가 어딘지 분간하지 못하게 하려고요. 매일 밤 일상적으로 벌어지는 일이었어요. 교도관들은 갈수록 악의적으로 변해 수감자들에게 더 큰 굴욕을 안겨주었죠.

당시 감독관 일지에는 밤 10시 화장실 사용, 오전 8시 아침 식사, 낮 12시 점심 식사, 가석방 심사, 가족 면회, 사제 방문 등이 표시되어 있었어요. 제가 보기엔 특별할 것 없는 일상이었죠. 하지만 크리스티나에게는 그렇지 못했어요. 현장은 본 그녀가 갑자기 울기 시작했습니다.

"못 보겠어요."

"왜 그래?"

"못 보겠어요. 정말 끔찍해!"

건물 밖으로 뛰쳐나가는 그녀를 쫓아갔습니다. 우리는 조던홀 건물 앞쪽 안뜰에 서서 심한 말다툼을 벌였어요.

"왜 그러는 거야? 너 심리학자 맞아? 이건 지금껏 한 번도 본 적 없는 시연이라고. 굉장히 도발적이야."

"제발 그만해요. 학생들이 괴로워하고 있잖아요. 걔들은 죄수도 아니고 교도관도 아니에요. 당신이 그들을 고통스럽게 만들고 있다고요."

그녀는 차분하고 자제력이 강한 사람으로, 우리가 말다툼을 한 건 그때가 처음이었죠.

"상황이 당신을 변하게 만들었다는 걸 모르겠어요? 교도관과 수감자뿐 아니라 당신도 변했다고요. 어떻게 내가 방금 본 걸 당신이 못 볼 수 있어요? 어떻게 저런 끔찍한 상황을 그냥 내버려 둘 수 있어요?"

우리 사이에 큰 의견 충돌이 일어났죠.

"내 눈에 보이는 게 당신 눈에는 보이지 않아요? 어떻게 내가 본 걸 못 볼 수 있어요?"

이 말을 듣고도 계속 그녀를 설득했죠. 하지만 그녀는 아랑곳하지 않고 말했습니다.

"지금까지 내가 알던 당신의 모습이 아니에요. 만약 이게 당신의 진짜 모습이라면 이 관계를 이어가고 싶지 않아요."

정말 극적이었죠. 영웅 같은 발언이기도 했습니다.

"당신이 정신 차리지 않는다면 연인뿐 아니라 평생의 동반자도 포기하겠어요."

그녀는 절대로 "지금 당장 실험을 끝내라"고 말하지 않았습니다. 하지만 그 순간 머리를 세게 얻어맞고 악몽에서 깨어난 것 같았어요. 그제야 "세상에, 세상에나 그래, 그래, 당신 말이 맞아!"라고 소리쳤죠.

훗날 크리스티나는 저와 연인 관계가 아니었다면, 이 실험에 대한 의견을 물은 게 스탠퍼드대학교의 다른 교수였다면 "미안한데 시간이 없어서요"라고 말한 뒤 그냥 지나쳤을 거라고 말했습니다.

우리 관계가 소중했기에 기꺼이 위험을 감수한 거라는 이야기죠.
"저는 영웅이 아니에요. 실험이 잘못되었다고 지적한 건 단지 그 잘못을 지휘하는 사람이 필립 짐바르도였기 때문이에요."

순간 깨달으셨군요.

머리를 세게 얻어맞은 기분이었어요. 크리스티나의 말대로 제가 맡은 역할에 심취해 있었던 겁니다.

"당신 말이 맞아. 내일 실험을 끝내야겠어."
그때가 밤 11시 30분쯤이었을 겁니다. 우리는 함께 저녁을 먹으면서 실험을 어떻게 끝낼 것인지에 대해 이야기했죠. 다음 날인 금요일 오전에 국선 변호사가 오기로 되어 있었거든요. 그가 돌아가는 대로 실험을 끝내겠다고 그녀에게 말했습니다.
교도관과 심리적 붕괴를 일으킨 수감자를 모두 한자리에 모으고, 실험 참가비 지급도 준비해야 하고, 빌린 가구도 반환해야 하는 등 처리할 일이 많았어요. 실험 해명도 준비해야 하는데 언제, 어디서, 어떻게 해야 할지 모르겠더군요. 스트레스가 극에 달한 상태였죠. 실험을 예상보다 일찍 끝내게 되었다는 생각에 안도감을 느낄 정도였으니까요.

“공식적으로 교도소 실험을 종료합니다”

실험을 종료하는 데 영향을 준 또 다른 요소는 무엇인가요?

국선 변호인이 교도소를 방문하게 된 이유에 대해 설명해야 할 것 같네요. 실험 시작 전, 우연한 기회에 교도소 사제를 지낸 가톨릭 신부님을 만나게 되었어요. 어떤 일의 자문을 구하기 위해 저를 찾아오셨거든요. 순간 저도 그의 자문이 필요하다는 생각이 들더군요.

“신부님, 물물교환 하나 하시죠. 마침 교도소 실험을 준비하고 있거든요. 저희가 만든 현장을 보시고 얼마나 현실적인지를 평가해주시면 신부님이 원하는 자문을 해드리겠습니다.”

이 인연을 계기로 그가 교도소 사제 역할을 맡게 되었죠.

실험이 절반쯤 진행되었을 무렵 약속대로 신부님은 지하 교도소를 찾아왔습니다. 하얀 옷깃이 달린 사제 복장을 하고요. 그도 분명 진짜 교도소가 아닌 실험 현장이라는 사실을 알고 있었습니다. 그리고 제가 신부님에게 부탁한 것은 교도소 사제가 아닌 평가자의 역할이었죠. 우리 실험이 얼마나 현실적인지 체크해 달라고 말이에요. 하지만 현장에 도착한 그는 평가자가 아닌 교도소 사제 역할을 수행했습니다.

교도소 운동장 가운데 놓여 있는 의자에 앉은 신부님이 수감자들을 향해 말합니다.

"사제를 만나고 싶은 수감자는 전부 나와도 됩니다."

당시 컨디션이 좋지 않던 819번을 제외한 모든 수감자가 교도소 운동장으로 나왔습니다. 끝내 운동장에 나오지 못한 819번은 그날 오후 신경쇠약을 일으켰죠.

신부님은 수감자들을 만날 때마다 "저는 코플린 신부입니다. 형제님의 이름은 무엇인가요?"라고 묻더군요. 수감자들은 교도소 규칙에 따라 자신의 이름이 아닌 수감 번호를 댔습니다.

"저는 2764번입니다."

신부님이 다시 묻습니다.

"무슨 일로 여길 들어왔죠? 왜 체포되었나요?"

이유를 모르겠다고 하는 수감자도 있었지만 '무장 강도'라고 대답하는 수감자도 있었습니다. 경찰에게 체포될 때 들은 이야기를 그대로 말한 거였죠.

이제부터 하이라이트입니다. 신부님이 다시 물었습니다.

"형제님, 형제님은 이곳에서 나가기 위해 어떤 노력을 하고 있습니까?"

순간 그곳의 모든 사람이 신부님의 얼굴을 쳐다보았습니다. 당황한 수감자가 되물었죠.

"그게 무슨 말씀이신가요?"

"형제님은 지금 교도소에 갇혀 있습니다. 이곳에서 나갈 수 있는 방법은 변호사를 구하는 것뿐이에요. 형제님은 대학생이니 머리를 잘 써보세요."

너무 충격적이었어요. 그는 역할에 완전히 몰입해 있었죠. 수감자들 가운데 한 명이 이렇게 말한 기억이 납니다.

"아, 저는 법률을 공부하고 있으니 직접 항소하겠습니다."

그러자 신부님이 말했죠.

"자신의 변호를 맡는 변호사의 의뢰인은 바보라는 말이 있어요. 좀 더 생각해 보세요. 목요일에 다시 올 테니 도움이 필요하면 그때 이야기하세요."

다른 수감자의 사례도 있습니다.

"형제님은 이곳에서 나가기 위해 무엇을 하고 있나요?"

"아무것도요."

"이곳에서 나가고 싶어요?"

"네! 나가고 싶어요. 도저히 못 견디겠어요. 제 사촌이 국선 변호사인데 도와줄 수 있을지도 몰라요."

"그와 어떻게 연락하죠?"

"저희 엄마를 통해서요!"

휴대전화가 없던 시절이었습니다. 신부님은 그 수감자에게 어머니의 성함과 전화번호를 묻고는 수첩에 받아 적더군요. 차분하게 면담을 끝낸 신부님과 달리 저는 굉장히 흥분해 있었죠. 그가 수감자들을 진지하게 대하는 모습이 매우 흥미로웠거든요. 주변을 정리하는 신부님에게 다가가 말했죠.

"와, 굉장히 몰입하시더군요. 정말 재미있었습니다."

그리고 별말 없이 헤어졌는데…. 맙소사! 신부님이 그 학생의 어머니에게 전화를 걸 거라고는 상상도 하지 못했어요. 그도 분명 이게 실험이라는 사실을 알고 있었으니까요. 그런데 현장을 벗어난 그가 곧바로 학생의 어머니에게 전화를 건 거예요. 한 마디 상의도 없이 말이죠.

"스탠퍼드 교도소에 있는 아드님이 일찍 출소하고 싶어 합니다. 사촌의 도움을 간절히 기다리고 있어요."

이 말을 전해 들은 어머니가 어떤 행동을 취했을지 안 봐도 뻔하잖아요.

진짜 국선 변호사가 실험실로 전화를 걸어왔습니다. 자신의 사촌에게 문제가 생긴 것 같다면서 무슨 일이냐고 묻더군요. 크게 걱정할 일은 없다고, 단지 실험을 진행하는 중이라고 설명했죠. 하지만 그는 금요일 아침 지하 교도소를 방문해서 직접 확인하겠다고 하더군요.

금요일 아침 약속대로 국선 변호사가 방문했습니다. 면회실에 앉은 그는 수감자들을 대상으로 "위협이 있었는가" "지켜지지 않은 약속은 없는가" "기본권을 침해받지는 않았는가" 등 많은 질문을 던지더군요.

얼마나 지났을까요. 매뉴얼에 따라 기본적인 확인 절차를 마친 그가 주섬주섬 가방을 챙겼어요. 그러고는 의자에서 몸을 일으키며 말했습니다.

"모두 수고했다. 협조해줘서 고마워. 난 월요일에 다시 올게."

순간 수감자들은 비명을 지르고 난리가 났죠.

"월요일이요?"

"응. 국선 변호사는 주말에 일하지 않거든."

수감자들은 더욱 흥분해 외쳤습니다.

"우릴 여기 두고 가지 마세요. 너무 힘들어요. 하루도 더 버틸 자신이 없어요. 제발 도와주세요."

그럼에도 그는 "나는 국선 변호사라니까"라고 말하며 교도소 밖으로 나갔습니다. 수감자들은 더 큰 절망에 빠지고 말았죠. 학생들은 그가 "그래, 나랑 같이 이곳을 나가자. 내가 너희를 여기서 꺼내주마"라고 말할 줄 알았던 거예요.

실낱같은 희망이 깨졌군요.

그래요, 실낱같은 희망마저 사라졌죠. 아무 말 없이 상황을 지켜보던 제가 말했습니다.

"잘 들으세요. 지금부터 스탠퍼드 교도소 실험을 공식적으로 종료합니다. 모두 집으로 돌아가도 됩니다."

멍한 것도 잠시 수감자들은 서로 껴안고 키스하고 소리를 지르며 진심으로 기뻐했습니다. 일주일 만에 처음으로 제 기분도 좋아지더군요. 스탠퍼드 교도소 실험은 그렇게 끝났습니다.

PART

4

새롭고 독창적인 탐구의 시작

INTERVIEW DATE
20161209

뜨거운 감자로 떠오른 교도소

수줍음 프로젝트, 짐바르도 시간관 검사, 마인드컨트롤

광기의 심리학 & 편집증적 사고의 시작

뜨거운 감자로 떠오른 교도소

스탠퍼드 교도소 실험이 종료된 계기와 관련해 더 하고 싶은 말이 있나요?

물론 있죠. 실험 일정에 대한 겁니다. 원래 실험 예정일은 2주였어요. 앞서 말했던 것 같은데 실험 둘째 주에 교도관과 수감자의 역할을 바꿀 생각이었거든요. 교도관들이 절대로 찬성했을 리 없겠지만요.

상황이 어쨌든 실험은 중단될 수밖에 없었을 겁니다. 사실 24시간 돌아가는 실험이 그렇게 힘든 줄 몰랐어요. 연구진의 규모를 훨씬 더 크게 꾸렸어야 했던 거예요.

무엇보다 정신적으로 무너져 내린 두 번째 수감자가 나왔다는 건 당장 실험을 끝내야 한다는 신호였어요. 크리스티나 마슬라흐가 목요일 밤 개입한 덕분에 금요일 실험을 끝냈지만 이런 일이 없었다면 어떻게든 일요일까지 실험을 지속했을 겁니다. 하지만 앞서 말했듯이 심리적으로나 육체적으로나 그 이상은 진행하기 어려웠을 거예요.

실험 종료 후 피험자들에게 실험에 대한 과정을 충분히 설명했나요? 피험자들은 그 상황을 어떻게 받아들였나요?

수감자들에게 2시간, 교도관들에게 2시간 총 4시간에 거쳐 실험을 해명한 뒤 양측 모두를 한자리에 모았습니다. 재교육이 필요하다고 생각했기 때문이죠.

"도덕 재교육 시간입니다. 우리는 모두 나쁜 짓을 했어요. 특히 제가 말이죠."

저는 그들에게 상황에 좀 더 일찍 개입하지 않은 것, 실험을 더 빨리 끝내지 못한 것에 대한 죄책감을 설명했습니다. 교도관에게 신체적 체벌은 금지했지만 어떻게 보면 훨씬 더 폭력적인 심리적 체벌은 금지하지 않았죠. 수감자를 학대하지 않은 '착한 교도관'도 몇 명 있었지만, 그들 역시 다른 교도관이 수감자에게 가한 고통을 최소화하려는 노력을 전혀 하지 않았습니다. 정신적으로 무너지지 않은 수감자도 있었지만 그들 또한 신경쇠약을 보이는 동료를 도와주지 않았어요.

"어떻게 보면 우리 모두는 '나쁜 짓'을 한 겁니다. 하지만 이런 단편적 모습으로 개인을 평가할 수는 없습니다. 여기서의 모습이 '그는 어떤 사람인가'를 말해주지도 않습니다. 우리가 여러분을 피험자로 선택한 이유는 지극히 평범하고 건강한 사람이기 때문이니까요. 저 역시 그런 사람이라고 생각하고 싶고요."

모든 면에서 '상황의 힘'이 극적으로 드러난 실험이었습니다. 상황의 힘이 어떻게 개인의 성격과 사회적 행동을 변화시키는지를 보여주는 실험이었죠. 그 자리에 있던 모든 사람이 실증 사례인 거죠. 이는 곧 우리가 상황의 힘에 취약하다는 걸 의식해야 한다는 뜻이에요.

한 달 뒤에 참가자 대여섯 명이 다시 모였습니다. 교도소 실험이 TV 프로그램 〈크로노로그Chronolog〉에 소개되었거든요. 1971년 10월 저와 수감자, 교도관 역할을 맡았던 학생들을 상대로 추가 인터뷰를 진행한 뒤 방송되었죠. 물론 합당한 이유가 있는 방송이었습니다.

방송이 꽤 빨랐네요.

실험이 1971년 8월 19일에 종료되었는데, 우연치 않게도 바로 다음 날 샌퀜틴San Quentin교도소에서 큰 폭동이 일어났거든요. 재소자 겸 흑인 정치운동가 조지 잭슨George Jackson의 주도로 독방에 수감된 여섯 명이 탈출을 시도했어요. 어떻게 그런 일이 일어났는지 모르지만 총과 열쇠를 가졌던 잭슨이 독방에 갇힌 동료들을 풀어주었다고 해요. 그 과정에서 그는 교도관과 독방에 있던 정보원을 살해했습니다. 그러고는 탈출을 위해 9미터가 넘는 벽을 오르다가 총에 맞아 사망했죠. 처음에는 아무도 그 이야기를 믿지 않았어요. 함정이라고 생각했습니다. 뉴스를 보는 대부분의 사람이 그랬을 거예요.

이 사건은 즉시 언론에 대서특필되었어요. 샌퀜틴교도소 소장을 만난 한 기자가 물었습니다.

"이 사건이 스탠퍼드 교도소 실험에서 나타난 수감자들의 비인간화와 관련이 있습니까?"

"아뇨, 말도 안 되는 이야기입니다."

그 영상을 본 〈크로노로그〉 프로그램의 기자가 실험 영상이 있는지 묻더군요. 당연히 있다고 대답했죠. 덕분에 우리 실험이 〈크로노로그〉에 20분짜리 코너로 방송될 수 있었어요. 프로그램 제목은 '819번이 나쁜 짓을 했다'였는데, 이는 교도관이 죄수들에게 반복적으로 외치게 한 문구였어요.

프로그램의 내레이션은 유명인 클리프턴 개릭 어틀리Clifton Garrick Utley가 맡았죠. 어느 날 갑자기 그렇게 스탠퍼드 실험은 유명세를 탔기 시작했습니다.

그런데 실험 종료 3주가 지났을 때쯤 뉴욕 애티카교도소Attica Correctional Facility에서 또 다른 폭동이 일어났습니다. 조지 잭슨의 죽음에 대한 저항으로 재소자들이 한 달 이상 교도소를 점거했죠. 뉴욕 주지사 넬슨 록펠러Nelson Rockefeller의 지시로 주 경찰이 투입되었는데, 교도관과 수감자 할 것 없이 당시 현장에 있던 대부분이 사망했습니다. 강경 진압이 문제였죠.

언론에서는 연일 이 문제를 다뤘고 하루아침에 '교도소'는 뜨거운 감자가 되었습니다. 이 사건을 계기로 워싱턴과 샌프란시스코 상원 법사위원회에서 증언도 하게 되었죠. 그 자리에는 교도소에 대해 잘 아는 샌퀜틴교도소 소장과 애티카교도소 소장, 수형자 조합의 대표가 나와 있었어요. 하지만 저는 스탠퍼드 교도소 실험을 주관한 심리학자일 뿐 개인적으로 교도소에 대해 아는 바가 없었습니다.

어느덧 제가 증언할 차례가 되었죠. 결국 사회심리학을 활용해야 할 것 같더군요. 지금까지 줄곧 이야기해 온 '상황의 힘' 말이에요. "가능하다면 실험 슬라이드를 몇 장 보여드리고 싶습니다"라는 말로 설명을 시작했죠. 현장에 있던 사람들은 실험에서 제가 사용한 전술에 큰 흥미를 보였어요. 그리고 어느 순간부터 그들은 '짐바르도 교도소에서 보았듯이'라는 표현을 사용하더군요. 전혀 예상치 못한 일이었죠.

그때나 지금이나 교도소 상황은 크게 달라지지 않았죠?

전혀요. 안타깝게도 2016년 현재 미국 교도소에 수감된 사람은 200만 명이 넘어요. 1971년 당시 수감자는 70만 명 정도였는데 그때도 걱정스러웠거든요.

캘리포니아대학교 데이비스 캠퍼스 로스쿨에서 열린 학회에서 누가 그러더군요. 로스앤젤러스카운티교도소에 수용된 사람이 2만 명인데 대부분 소수민족인 라틴계와 흑인이라고요.

그곳에 갇혀 있다는 것은 재판을 기다리는 중이라는 뜻입니다. 그런데 재판이 밀려 3~4개월 동안 수감되는 일이 부지기수죠. 두 명 정도 사용할 수 있는 감방에 너무 많은 사람이 들어가 있어요. 한 방에 10명 넘는 인원이 수감되는 일도 흔하죠. 시스템이 망가졌는데 아무도 신경 쓰지 않아요. 교도소 시스템을 유지하는 데만 수십억 달러의 세금이 드는데도 말이에요.

더 심각한 문제는 많은 주에서 교도소를 민영화하고 있다는 겁니다. '교도소 사업'을 하는 거죠. 교도소가 이윤을 추구하는 사업이 되려면 뭐가 필요하죠? 당연히 고객이 있어야 합니다. 더 많은 재소자가 필요해지죠. 그들은 판사와 입법부에게 죄수의 형량을 더 길게 선고하라고 압력을 가하겠죠. 운영 비용을 아끼기 위해 음식은 물론 활동의 질도 최소한만 허락할 겁니다. 아주 안타까운 상황으로 치닫고 있어요.

교도관은 자신이 놓인 상황과 역할에 대해 아주 단순한 개념만 배웁니다. 죄수가 언제든 자신을 죽일 수 있다는 공포심에 대처하는 방법을 배우는 거죠. 어떤 보상 체계를 세우는 것은 전혀 고려되지 않고 있습니다. 예를 들어 3~5년의 정기형 또는 부정기형을 받은 죄수가 있다고 칩시다. 이때 재소자가 말썽을 부리지 않고 바람직한 행동을 보이면 기관에서는 교도관에게 적당한 보상을 내려야 합니다. 그렇게 되면 교도관은 재소자들의 나쁜 행동을 벌하는 데 집중하지 않고 그들이 좋은 행동을 하도록 유도하는 데 집중하겠죠.

이렇게 단순한 아이디어조차 현재 시스템에 반영되지 못하고 있어요. 그런 점에서 제 견해가 미국 교도소 시스템에 영향을 준 것 같진 않아요. 그럼에도 제 연구는 여러 교도소와 군대에서 상황의 힘에 대한 예시로 활용되고 있습니다. 군대의 SERE 프로그램(생존, 회피, 저항, 탈출 프로그램)에서도 사용되고 있고요.

이 프로그램은 언제 마련되었나요?

한국에서 일어난 6·25전쟁 이후 시작되었어요. 원래 군인은 이름과 계급, 군번만 밝히도록 되어 있죠. 하지만 한국전쟁 당시 많은 미군 포로가 북한에 타협적인 증언을 했다고 해요. 이후 미국에서는 육군, 해군, 공군 등 군인이 포로가 되었을 때 적에게 아무런 정보도 주지 말라는 명령을 내렸어요. 그리고 이들을 위한 탈출 훈련 프로그램을 만들었죠.

이 프로그램을 진행할 때 군인은 팀을 나눠 수용소를 탈출하려는 포로와 이를 저지하는 병사 역할을 맡습니다. 그렇게 역할극이 끝나면 〈조용한 분노: 스탠퍼드 교도소 실험〉 영상을 보여줍니다. 자신들이 하는 게 역할 놀이임에 분명하지만, 누구든 그 경계를 넘을 수 있다는 경고용으로요. 실제로 군인이 동료인 '포로'를 학대한 사례가 있었거든요. 역할극 도중 성적 학대를 당할 뻔한 여군도 있었고요. 훈련 중 선을 넘은 사례가 있었다는 것은 분명한 사실입니다.

수줍음 프로젝트, 짐바르도 시간관 검사, 마인드컨트롤

스탠퍼드 교도소 실험에 대한 학계의 반응은 어땠나요?

글쎄요, 동료들로부터 곧바로 부정적 반응이 나오진 않았습니다. 개인적으로 이와 관련된 기사 몇 편을 썼을 뿐이었으니까요. 《뉴욕타임스》에 〈피란델로교도소〉라는 제목으로 첫 글을 실었어요. "우리가 만들어내는 환상이 실제가 될 수도 있다"라는 시칠리아 작가 루이지 피란델로Luigi Pirandello의 말에서 영감을 얻은 제목이었죠.

스탠퍼드 교도소 실험과 관련해 곧바로 책을 쓰진 않았어요. 책으로 쓸 만한 가치가 있다고 생각하지 않았거든요. 상황의 힘에 대한 훌륭한 증명이라고만 여겼죠. 누군가를 벌하라고 하거나 나쁜 짓을 하라는 특별한 지시가 없어도 어떤 역할을 맡게 되면 그 상황에 따라 얼마든지 변할 수 있다는 것을 보여주고 싶었어요.

교도소 실험 이후 진행한 연구에 대해 말해주세요.

교도소 실험의 결과가 그 이후 새로 시작한 연구에 어떤 영향을 주었나요?

교도소 실험 직후 두 가지 일이 일어났습니다. 우선 많은 심리학자에게서 연락이 왔어요. 그들은 교도관에게 마음 챙김을 훈련시켰다면 그렇게 행동하지 않았을 거라고 말했죠.

사실 스탠퍼드 피험자연구위원회에 그 실험을 다시 한번 해보고 싶다는 제안서를 제출하기도 했어요. 심리학자의 주도로 두세 가지 조건을 바꿔 실험해 보고 싶었거든요. 심리학자를 통해 교도관이 좀 더 인간적으로 행동하도록 교육시킬 생각이었죠. 그렇게 하면 부정적 결과로 이어지지 않는다는 것을 증명하고 싶었습니다. 그런데 제안서를 본 피험자연구위원회에서 묻더군요.

"여기 적힌 대로 하면 부정적 결과가 나오지 않는다고 보장할 수 있습니까?"

"아뇨, 결과가 보장된다면 이런 실험을 할 필요가 없겠죠."

그러자 재실험을 허가할 수 없다는 대답이 돌아왔습니다.

정말 안타까웠습니다. '교도관을 상황에 굴복하지 않도록 훈련시킬 수 있는가?'라는 분명한 목적을 가진 실험이었는데 말이에요. 의미 있는 실험이 되었을 텐데 스탠퍼드 피험자연구위원회는 끝내 허가해주지 않았습니다.

실험 절차나 사전 동의와 관련해

윤리적으로 우려를 일으킬 만한 사항은 수정되었나요?

네, 밀그램과 제가 진행한 실험 이후 스탠퍼드는 물론 모든 기관이 대단히 보수적으로 변했어요. 실험 참가자, 특히 학생 피험자에게 스트레스를 주는 행위는 절대로 허락되지 않았죠. 그래서 사실상 행동 연구가 끝나버렸습니다. 근래 사회심리학자들이 상상의 시나리오를 제시하는 이유도 여기에 있습니다.

"당신이 교도관이라면 A, B, C, D 중 과연 어떤 행동을 할 것인가?"라는 식이죠. 가정만으로는 알 수가 없습니다. 어떤 상황에 놓이기 전까지, 그러니까 실제로 그 상황에 처해 보지 않는 이상 어떤 행동을 어떻게 할지 누가 알겠어요. 하지만 피험자에게 스트레스를 유발하는 질문조차 할 수 없게 되었죠.

'용서에 대한 연구'를 진행한다고 가정해 봅시다. 여성 피험자에게 "어린 시절 당신은 성적 학대를 당했는데, 그 학대자가 체포되었다고 합니다. 어떤 상황이라면 그를 용서할 수 있겠습니까? 그가 이렇게 말한다면, 또는 저렇게 말한다면 용서할 수 있겠어요?"라고 질문하는 것도 안 됩니다. 성적 학대를 당했다고 상상하게 만드는 것 자체가 피험자의 스트레스를 유발할 수 있기 때문이죠.

한마디로 심리학에서 하나의 연구 영역이 사라지고 있습니다.

피험자를 실제 상황에 놓기는커녕 상상해 보라는 말조차 할 수 없으니까요.

심리학의 많은 부분이 신경심리학으로 옮겨간 것도 문제입니다. 뇌 연구만 하다 보니 상황에 주목하지 않게 된 거죠. 요즘 학자들은 피험자를 fMRI 기계에 넣고 머릿속에서 일어나는 일만 연구합니다. 우습게도 인간 본성의 근본적 문제를 다루다가 뇌를 탐구하는 쪽으로 방향을 트는 연구자가 많아요.

순종, 정신 통제, 광신도 등의 영역도 연구한 것으로 아는데,
그 이야기를 들려주세요.

교도소 실험이 탄생시킨 세 가지 연구가 있습니다.

그중 첫 번째는 수줍음 프로젝트입니다. 스탠퍼드 수줍음 프로젝트는 그로노프스키센터로 이어졌죠. 개인적으로 가장 중요한 업적이 아닌가 생각해요. 사회적 공포증이나 불안증 등을 다루는 클리닉은 있지만 수줍음만 전적으로 다루는 클리닉은 이곳이 유일하죠.

두 번째, 교도소 실험을 통해 시간관time perspective에 집중하게 되었습니다. 스탠퍼드 교도소에는 창문과 시계가 없었어요. 낮인지 밤인지 분간하기가 어려웠죠. 그래서 실험에 참가한 모든 피험자의 시간이 왜곡되었어요. 교도관의 근무 시간은 8시간이었는데, 그들에게는 그 시간이 거의 하루나 마찬가지였어요. 이전 근무조가 떠나면 다음 근무조가 일을 시작했죠. 자신의 근무 시간이 끝나면 다들 휘파람을 불면서 "끝났다. 오늘은 뭘 하지?"라는 식이었어요. 밤 10시가 넘었는데도 말이에요. 분명 시간이 왜곡되어 있었습니다.

앞서 말했지만 연구진은 감방에 도청 장치를 설치해 수감자들의 대화를 엿들었어요. 그런데 이상하게도 과거에 대해 이야기하는 사람이 없었습니다. 실험이 끝난 2주 뒤에 무얼 할지 고민하거나 새 학기 시작과 관련된 이야기를 하는 사람도 없었죠. 그들의 관심은 오로지 현재에만 머물러 있었습니다.

'현재 시간대에 집중해 살아가는 현상'이 수감자들의 상황을 더 나쁘게 만들었죠. 그들이 현재 긍정적인 상황에 놓여 있었나요? 아니요. 그렇지 않죠. 오히려 극도의 부정적 환경에 노출되어 있었죠. 부정적인 현재 상황에 집중하는데 어떻게 좋은 결과가 나올 수 있겠어요. 이는 시간관에 대해 생각하도록 만들었습니다. 우리가 어떤 자세로 시간을 대하며 살아가는지, 그것이 삶에 어떤 영향을 끼치는지 궁금해지더군요. 이런 시간관 연구를 기반으로 만들어진 것이 앞서 이야기한 짐바르도 시간관 검사예요.

세 번째, 교도소 실험을 계기로 마인드컨트롤에 관심이 생겼어요. 어느 순간 교도관들의 심리가 바뀌었거든요. 감시자에서 상대의 생각을 지배하고 학대하고 통제하는 역할로 말이죠. 그들은 창조적으로 사악해졌어요.

사실 이는 1970년대의 시나논Synanon, 마약 상습자를 갱생지도 하는 사설 단체-옮긴이이나 통일교, 존스타운 등의 광신도 현상과도 연결되어 있습니다. 그 밖의 사례도 수없이 많죠.

스탠퍼드의 대학원생 제자들이 마인드컨트롤 연구를 도와주었습니다. 마인드컨트롤 심리학 수업도 진행했는데, 미국에선 최초였을 겁니다. 광신적 종교 집단에서 포교자로 활동하는 사람을 수업에 초대하기도 했어요. 캘리포니아주 북부에 있는 통일교 캠프에서 주말을 보내고 리포트를 작성하는 과제를 낸 적도 있고요. 그 수업을 몇 년 동안 했죠.

수업에 초대한 사람 가운데 스티븐 하산Steven Hassan도 있었습니다. 그는 문선명 목사 시절, 캠퍼스에서 두 명의 젊은 여성에게 포교된 뒤 통일교에서 비교적 높은 자리까지 올라갔죠. 그러던 중 몸을 다쳐 병원에 입원했는데, 부모님이 그를 병원에서 몰래 빼냈습니다. 그제야 세뇌에서 벗어날 수 있었죠. 이후 스티븐은 광신도를 재교육하는 일을 하며 광신적 종교 집단의 세뇌에 빠지지 않는 방법을 다룬 책도 냈어요. 현재는 마음 자유 연구에 집중하고 있습니다.

마인드컨트롤 심리학 수업을 통해 '미디어의 세뇌'에 대해서도 이야기했어요. 아이들에게 담배를 피우게 하려고 담배회사들이 갖은 애를 쓰던 시절이었죠. TV 프로그램, 게임, 광고 등의 캐릭터를 통해서요. 단순히 광신도의 포교 활동뿐 아니라 마인드컨트롤의 깊은 부분까지 탐구했죠.

광기의 심리학 & 편집증적 사고의 시작

광기에 대한 연구도 하지 않았나요?

네, 덕분에 다방면에 걸친 연구를 한다는 비판을 받았습니다. 얄팍하다는 뜻이죠. 관심 있는 주제가 있으면 수업 시간에 이를 소개하고 학생들의 흥미를 유도합니다. "교수님, 이것을 좀 더 자세히 연구해 보는 건 어떨까요?"라는 반응이 나오도록 말이에요. 실험 의제로 만들기 위해서죠.

광기의 심리학 수업도 했던 것 같군요. 임상심리학자는 아니지만, 전통적으로 광기라는 주제는 임상적이지 않죠. 광기는 사회적 현상에서 나옵니다. 스탠퍼드 교도소 실험에서도 많은 학생이 미쳐버렸잖아요.

임상심리학에서는 광기나 정신의 왜곡을 개인적 성향으로 바라보는 개념이 항상 존재했습니다. 그런 가정을 없애고 누구나 미칠 수 있다는 사실을 보여주고 싶었죠. 완전히 정상적인 사람도 상황에 따라 편집증의 기준에 들어맞는 모습을 보일 수 있다는 것을 증명하고 싶었어요. 문제는 '어떻게 그럴 수 있는가?' '어떻게 그런 일이 일어날 수 있는가?' 였죠. '정상적인 사람이 어떤 조건에서 편집증이나 신경증의 전형적 징후를 보이는지 살펴보자'라는 생각이 들었습니다. 그래서 제가 '불연속성'이라고 부르는 것에 초점을 맞췄어요. 한마디로 불연속성은 기대에 어긋나는 일이 생겼다는 뜻입니다.

사람은 익숙함을 깨는 무언가 등장하면 그걸 이해하려고 합니다. 아주 정상적인 심리적 과정이죠. 무언가를 이해하기 위해선 무엇을 해야 하죠? 설명해야 합니다. 자기 자신에게 먼저 설명하고, 그다음에는 다른 사람이 납득할 만한 설명을 내놓아야 하죠.

불연속성을 자극하는 방아쇠는 개인의 내부에 존재할 수도 있습니다. 예를 들어 청각을 점점 잃어간다고 상상해 보세요. 일명 전도성 난청conductive deafness이라고 하는데, 누구에게나 일어날 수 있는 일이에요. 폭발음을 가까이서 들었다거나 또는 질병으로 전도성 난청이 생길 수 있죠.

아무튼 누군가 내게 이야기를 하는데 상대의 말을 알아들을 수 없다고 생각해 보세요. 아무리 노력해도 도저히 이해할 수 없으면 당신은 상대의 말이 아니라 그 상황을 이해하려고 할 겁니다.

본인의 청력에 문제가 있다는 사실을 모르니까 말이에요.

이제 당신은 상대가 너무 작게 속삭이는 게 문제라고 가정합니다. 그들은 도대체 무엇을 속삭이고 있는 것일까요? 보통은 비밀을 이야기할 때 속삭입니다. 당신이 다가가서 "뭘 그렇게 속닥거리는 거야?"라고 물어보면 그들은 "아니, 우린 속삭이지 않았는데"라고 말하겠죠. 그들은 정말 속삭이지 않았으니까요. 하지만 당신은 거짓말이라고 생각합니다. 그들이 왜 거짓말을 할까 싶은 거죠. 대부분 거짓말은 상대방에게 나쁜 의도가 있을 때 나오는 행동이잖아요.

물론 그들이 당신을 위한 깜짝 생일 파티 계획을 세우는 중일 수도 있어요. 하지만 당신 생일은 앞으로 6개월이나 남았거나 반대로 이미 지났을 수도 있죠. 그러면 당신은 '저 사람들이 무슨 짓을 하려는 거지?'라는 부정적 시나리오를 만들어내기 시작합니다. 편집증적 사고가 시작되는 거죠. 저는 그렇게 추측했어요.

실제로 편집증을 가진 사람 가운데 몇몇은 자신의 청력에 문제가 있다는 사실을 인지하지 못하고, 다른 사람이 자신에 대한 말을 속삭인다고 생각합니다. 자신이 겪는 상황과 경험을 타인에게 설명하기 위해 깊이 생각하다 보면 편집증의 기초가 되는 망상이 만들어지기도 하거든요. 그때부터 편집증이 시작된 것일 수도 있죠. 아무튼 제 연구를 통해 밝혀진 것은 귀가 어두운 그들에게 필요한 건 치료가 아니라 보청기라는 사실이었어요!

최면술에도 관심이 많은 걸로 아는데요.

심리학이나 사회심리학 수업에서 항상 최면술을 시연했습니다. 소수지만 최면에 잘 들어가는 사람이 있는데, 제 수업에도 그런 학생이 있었습니다. 최면 민감도가 높은 학생을 골라 심도 있는 훈련을 했죠. 그들은 제가 손가락을 올리기만 해도 곧바로 최면에 들어갔습니다.

심리 상태가 정상인 사람, 청력에 아무런 문제가 없는 사람에게 의도적으로 청각장애를 유발하면 편집증 패턴을 보인다는 사실을 입증하기 위해 심리학I 수업에서 최면 감수성이 높은 학생을 모집했어요. 그들에게는 '집단과 개인의 정보 처리 방식에 대한 연구'라고 설명했습니다.

이 연구는 3명이 한 조를 이룹니다. 피험자 한 명을 제외한 나머지 2명은 최면에 걸리지 않았지만 최면에 걸린 척하기로 연구진과 미리 약속을 했어요. 그렇게 구성된 한 조, 그러니까 3명의 학생은 제 방 옆에 있는 큰 연구실에서 연구진에게 실험에 대한 설명을 듣습니다.

"우리는 과제를 수행하는 방식을 알아보려고 합니다. 팀원끼리 함께 해결해야 하는 과제도 있고, 개인이 혼자 해결해야 하는 과제도 있습니다. 모든 지침은 시각 자료로 제시됩니다. 저는 이제 자리를 떠나 슬라이드만 확인하겠습니다."

첫 번째 슬라이드에는 '집중focus'이라는 단어가 적혀 있습니다. 실험에 참가한 3명의 학생 가운데 최면 민감도가 가장 높은 피험자를 최면에 들어가게 하는 신호였죠. 그는 곧바로 최면에 빠졌습니다. 후최면 암시는 이거였어요.

"다른 사람과 함께 있을 때 당신은 상대방의 말이 잘 들리지 않는다. 그들은 계속 무언가를 속삭이고 있다. 무슨 말을 하는지 이해되지 않지만 당신은 그 의미를 이해하려고 애쓸 것이다."

그게 전부였어요! 부정적 의미는 전혀 함축되어 있지 않았죠. 본격적으로 실험이 시작되고 나서 우리는 가장 먼저 피험자를 혼자 두고 화면에 제시된 퍼즐을 풀도록 했습니다. 그다음 팀으로 과제를 수행하라는 지시를 내렸죠.

이윽고 한 조를 이룬 3명의 학생이 한 공간에 모였습니다. 미리 연구진과 이야기가 된 2명의 공모자가 사교 클럽 파티에서 만난 어떤 남학생에 대해 이야기하기 시작합니다. 그들은 남학생이 정말 멍청하고 바보 같았다고 하면서 큰 소리로 웃습니다. 피험자에게는 그들의 말이 잘 들리지 않죠. 앞의 두 사람이 누군가를 비웃고 있다는 건 확실한데, 그 비웃음의 상대가 본인일지도 모른다고 생각하게 됩니다.

잠시 뒤 두 공모자가 피험자에게 "우리 클럽에 들어올래?"라고 묻습니다. 이 질문은 '피험자가 두 사람에게 합류하고 싶어 하는가, 아닌가?'를 측정하는 기준 가운데 하나였어요.

실험 마지막에는 피험자 모두에게 편집증 척도를 포함해 다양한 정신질환 검사를 받게 했습니다. 건강하고 청력이 좋은 평범한 학생이지만 최면을 통해 불과 30분 만에 난청 상태에 빠진 피험자를 대상으로 편집증 검사를 실시했습니다. 그 결과 임상적 편집증을 가진 환자들과 똑같은 점수가 나왔어요.

아, 실험의 통제나 비교 조건을 만들기 위해 수업을 듣는 학생 가운데 최면 민감도가 비슷한 또 다른 사람에게도 암시를 걸었습니다. "여러분은 '집중'이라는 단어를 듣는 순간 최면에 빠지고 갑자기 귀가 간지러워집니다. 귀를 긁으면 이 가려움증은 사라집니다"라고 말이죠. 두 조건 모두 '귀'에 집중했지만 사회적 초점과 개인적 초점이라는 차이가 있었죠.

실험이 끝나고 그들에게 "이상입니다. 여러분은 이 시간에 들은 말과 경험을 전부 기억하게 될 것입니다"라는 말과 함께 최면을 풀었습니다. 피험자에게 실험에 대해 해명할 때도 최면 상태일 때 한 번, 정상일 때 한 번 진행했어요.

《사이언스Science》에 이 실험과 관련된 결과를 발표했습니다.

"청력에 아무런 이상이 없는 사람이 어떤 과정을 통해 편집증을 보이는가? 이를 어떻게 치료할 수 있는가?"

이는 아무도 관심을 두지 않는 주제였지만 중요한 문제를 보여주는 매우 창조적인 연구였죠. 흥미로운 증명이었고요. 앞서 말했듯 치료를 통해서가 아니라 보청기를 통해 고쳐집니다!

PART 5

기이한 미국의 시대: 새로운 생각과 성취

INTERVIEW DATE
20161209

스타 교수의 탄생

9·11테러와 아부그라이브교도소

악을 창조한 교수, 닥터 이블

영웅적 상상 프로젝트를 시작하다

스타 교수의 탄생

혁신적이고 독특한 방법으로

학생들의 참여를 이끌어낸 이야기를 해주세요.

1968년 9월 스탠퍼드대학교 히스토리코너History Corner 건물에서 처음 강의를 시작했습니다. 200명 정도의 작은 규모로 출발했지만 곧 큰 인기를 끌게 되었죠. 2년이 지난 뒤에는 강의실을 큐벌리Cubberley 강당으로 옮겼는데, 수강생이 800명 정도 되었어요. 얼마 지나지 않아서 더 큰 강의실이 필요해졌어요. 그래서 딘켈스피엘Dinkelspiel 강당으로, 그다음에는 메모리얼Memorial 강당으로 강의실을 옮겼습니다. 1,200명 정도의 학생을 수용하려면 어쩔 수 없었어요. 가히 압도적이었죠.

수업 규모가 커지고 학생의 시선보다 높은 연단에서 강의할 때

교수는 퍼포머performer가 되어야 합니다. 저는 처음부터 그 사실을 알고 있었어요. 높은 연단에 선 교수가 한 시간 동안 강의만 해선 안 되죠. 학생들의 시선을 계속 잡아두려면 퍼포먼스를 해야만 합니다.

당시 스탠퍼드에는 로버트 새폴스키Robert Sapolsky와 윌리엄 디멘트William Dement 등 뛰어난 교수가 진행하는 특별 수업이 많았습니다. 그 사이에서 당연히 제 수업이 돋보이기를 바랐죠. 이를 위해 음악으로 강의를 시작했습니다. 예를 들어 악에 대한 내용을 다루는 수업이라면 산타나Santana의 〈악풍Evil Ways〉을 틀죠. 기억에 대한 수업이라면 바브라 스트라이샌드Barbra Streisand의 〈추억The Way We Were〉을 틀고요. 강의실에 들어오는 순간 음악이 흘러 나오면 그 수업은 특별해집니다.

음악이 끝나면 "산타나의 〈악풍〉이 악의 본질을 위한 토론의 장을 마련해주는군요" 또는 "오늘은 바브라 스트라이샌드가 소개한 대로 기억이라는 소재를 다루겠습니다"라고 말합니다. 음악을 통해 판을 깔아놓은 다음 수업에 들어가는 거죠.

뿐만 아니라 다양한 배경을 가진 특별한 손님을 많이 초대했습니다. 강제수용소 생존자, 전과자, 광신적 종교 집단의 지도자와 추종자, 남녀 포르노 배우, 성 노동자, 세일즈맨, 노벨상 수상자 등이 있었죠.

늘 학생들의 관심을 끌 방법을 찾아야 했습니다. 오후 수업이라 다들 지쳐 있었거든요. 이전 수업에서 쪽지 시험을 못 봐서 속상할 수도 있고, 연인과 헤어졌을 수도 있죠. 그런 상념을 전부 덮어버릴 만큼 '유익하고도 재미있고 특별한 경험'을 학생들에게 선사하고 싶었어요.

특히 기초 수업은 내용이 비슷비슷해서 차별화가 필요했죠. 모든 강의는 시작과 끝이 새롭고 산뜻해야 합니다. 지루함을 피하기 위해 매번 새로운 내용을 만드는 게 무척 힘들었지만 게을리하지 않았죠. 매일 아침 눈을 뜨면 '오늘은 어떤 뉴스거리가 있지'를 생각했어요.

학생들과 특별한 토론 수업을 한 것으로 아는데요.

앞서 이야기했듯 1970년대 저는 베트남전쟁에 반대하는 운동을 펼쳤습니다. 당연히 이 견해는 개인적인 것입니다. 연구 주제가 아닌 시사 문제에서는 특히 한쪽으로 치우칠 우려가 있죠. '정치적으로 자유주의자'라고 분명하게 밝혔지만 저보다 좀 더 보수적인 관점을 가진 학생도 있잖아요. 그래서 일주일에 하루는 오픈 마이크Open Mike라는 걸 했어요. 학생이 강단 앞으로 나와서 자신이 하고 싶은 말을 가감 없이 전달하는 시간을 만든 거죠.

제 의견을 지지하는 사람은 물론 반박하는 사람도 강단에 올라 자유롭게 의견을 발표했습니다. 좀처럼 이야기가 끝나지 않으면

"이 문제는 10분 안에 결론이 나지 않을 것 같으니, 더 할 말이 있는 학생은 면담 시간에 제 연구실로 와주세요"라고 했죠. 사실 스탠퍼드 학생은 학업과 관련해선 문제가 거의 없었어요. 그러다 보니 면담 시간에 교수를 찾아오는 학생이 드물었죠. 그래서 그 시간을 특별하게 활용한 겁니다.

시청각 자료도 적극적으로 활용했습니다. 이를 위해 16밀리미터 필름, CD, 오버헤드 프로젝터용 슬라이드 등을 썼죠. 어느 날 이들 도구를 활용해 정신질환에 대해 설명하고 있는데, 맨 앞줄에 앉은 학생이 연신 웃는 거예요. 웃는 이유가 궁금해 수업이 끝난 뒤 그 학생에게 잠깐 남아 달라고 했죠.

"이름이 뭐죠?"

"신디 X 왕입니다."

"왜 웃었어요?"

"너무 웃겨서요."

"그게 무슨 말이죠? 진지한 내용인데."

"수업이 아니라 교수님이 웃겨서요. 16밀리미터 필름을 영사기에 끼우고, 비디오를 틀고, 슬라이드를 뒤집느라 정신이 하나도 없으셨잖아요."

"다른 방법이 있나요?"

"혹시 디지털화라고 아시나요?"

"아뇨, 그게 뭐죠?"

"저한테 자료를 전부 줘 보세요."

다음 날 그 학생이 작은 금속제 원반을 주며 이렇게 말했어요.

"교수님이 필요로 하는 음악, 필름, 영상, 슬라이드가 모두 여기에 들어 있어요."

그때까지 해오던 수업과 연구 발표를 엄청나게 개선시켜 준 놀라운 발견이었죠.

확실히 수업 규모가 크고 학생이 많으면 집중시키기가 어렵겠네요.

요즘은 수업 시간에 학생들이 노트북을 갖고 들어올 수 있어 집중하기가 더 힘들어요. 수업 내용을 구글로 검색한 뒤 "교수님, 죄송한데 그 정보는 이제 틀려요"라고 말하는 세상이잖아요. 다행히 아직까지 그런 문제를 겪진 않았지만요. "수업 시간에 노트북을 사용하지 마세요" "아동 발달 수업 시간에 포르노를 보지 마세요!"라고 하면, 과연 그런 문제를 줄일 수 있을까요?

현재 교육의 가장 큰 문제는 학생들을 고립시키고 적대적 관계를 형성해 싸우게 만드는 데 있어요. 아이들은 힘을 합쳐야 더 좋은 성과를 낼 수 있습니다. 실제로 이와 관련한 실험을 실시한 적도 있죠. 실험을 위해 시험을 앞둔 학생들에게 다음과 같이 이야기했습니다.

"여러분은 앞으로 총 3번의 시험을 치르게 될 것입니다. 첫 번째 시험은 기존 방식대로 혼자 치르게 됩니다. 두 번째 시험은 파트너와 치르게 되는데, 파트너는 직접 선택하거나 제가 정할 겁니다. 마지막으로 세 번째 시험은 앞 시험과 동일하게 파트너와 치러도 되고 단독으로 치러도 됩니다. 우리는 그 차이를 측정할 겁니다."

그 결과 혼자 시험을 볼 때보다 파트너와 치른 세 번째 시험 점수가 평균 7점 정도 더 높게 나왔어요. 실험을 되풀이해도 같은 결과가 나왔죠. 학생들에게 "파트너와 시험을 치른다"라고 말했을 뿐 공부 방법에 대해서는 아무런 지시도 하지 않았습니다. 그럼에도 학생들은 당연하다는 듯 파트너와 공부하기 시작하더군요. "같이 공부하자" "같이 도서관에 가자" "같이 자습실로 가자" "발표는 내가 할 테니까 자료 준비는 네가 해" "내가 1장을 맡을 테니까 넌 3장을 맡아"라는 식으로요. 사회적 책임감이 생긴 거죠. 그 결과 전체 평균 성적이 올랐어요. 하위권에 머물러 있던 학생들도 중상위권으로 올라왔죠.

기억에 남는 파격적인 수업이 있습니까?

'집단 순응'에 대한 수업을 진행할 때였어요. 학생들에게 "하루 동안 일탈하라"고 주문했다가 약간의 곤란을 겪었죠.

순응에 대한 연구를 살펴보면 한 가지 공통점이 있습니다. 무리에는 분명 영향력을 행사하는 그 무언가가 있어요. 하지만 대부분은 자신이 확장된 거미줄 안에 놓여 있다는 사실을 모릅니다. 그 거미줄은 역사 또는 현재 상황과 관련이 있을 수도 있고, 남성 또는 여성이라는 거미줄일 수도 있죠. 역사적 맥락에서 바라보았을 때라야 비로소 이 넓게 뻗은 거미줄을 인식할 수 있게 되죠. 예를 하나 들어 볼까요? 수업 시간에 학생들에게 이렇게 이야기합니다.

"지금 자신이 입은 복장을 한번 살펴보세요. 대부분 스니커즈를 신었을 겁니다. 현재 많은 학생이 청바지를 입고 있는데 날씨가 더워지면 반바지로 갈아입을 거예요. 이번에는 헤어스타일을 살펴볼까요? 자신이 어떤 헤어스타일을 하고 있는지도 생각해 보세요. 10년 전만 해도 이 수업에 운동화를 신고 오는 학생은 없었습니다. 지금 같은 헤어스타일을 하는 학생도 없었고요. 배낭이 아니라 책가방에 책을 넣고 다녔죠."

이처럼 우리는 시대와 장소에 적합해야 한다는 미묘한 압박을 받습니다. 누구나 넓게 뻗은 순응의 거미줄 안에 들어가 있기 때문이죠. 하루 동안 일탈을 감행해 보면 '인간은 늘 어떤 사람이 되어야 하는지에 대한 압박을 받고 있다'라는 사실을 증명할 수 있겠다 싶었어요. 그래서 학생들에게 이야기했죠.

"하루 동안, 그러니까 아침 8시부터 오후 5시까지 평소 자신이 가진 이미지를 깨뜨리는 행동을 해보세요. 평소에 하지 않았던, 주변 사람이 뜻밖이라고 생각할 만한 일을 해보는 겁니다. 과연 어떤 모습일까요? 여러분은 무엇이든 될 수 있습니다."

처음 이 과제를 냈을 때 학생들은 파격적인 복장과 헤어스타일로 수업에 들어왔습니다. 브래지어를 하지 않은 여학생, 수영복 차림에 뒤로 젖혀지는 의자를 들고 온 학생, 옷을 다 벗고 온 학생도 있었습니다. 그런데 제가 앞서 뭐라고 했죠? '아침 8시부터 오후 5까지'라는 전제조건을 붙였잖아요. 이 말은 곧 그 모습 그대로 다른 수업에도 참여해야 한다는 의미죠.

결국 광대 차림으로 공대 수업을 들으러 가는 학생, 강의실 통로 가운데 리클라이너를 놓고 앉아 있는 학생 때문에 학과장의 호출을 받았어요.

"이상하게 행동하는 사람이 많다는 교수들의 불만이 속출하고 있는데, 도대체 무슨 일입니까?"

그래서 다음 학기부터는 조건을 단순화했습니다.

"수성 사인펜으로 자신의 이마에 정사각형을 그려 넣으세요. 거울을 보면서 멋지게 그리세요. 자신의 눈에는 그 정사각형이 보이지 않지만 다른 사람의 눈에는 보이겠죠. 그들은 당연히 여러분의 이마에 그려진 모양을 궁금해할 겁니다. 그게 뭐냐고 물어보면 그냥 '정사각형이야'라고만 대답하세요. 사람들은 이제 이마에 정사각형을 그려 넣은 이유를 물을 겁니다. 그때는 '그냥 해보고 싶었어'라고만 대답합니다.

가족과 함께 살고 있는 학생은 부모님으로부터, 기숙사에서 생활하는 학생은 친구들의 말과 행동으로부터 이마의 정사각형을 지워야 한다는 심한 압박감을 받게 될 겁니다. 하지만 이 압박에 굴복해서는 안 됩니다. 그렇게 하루를 버텨 보세요. 이때 '타인이 원하는 모습이 되어야 한다'라는 상황적 압박에 굴복하고 싶어 하는 자신의 마음을 알아차리는 게 중요합니다."

이후 학생들에게 "오늘 무엇을 했는가? 그렇게 행동한 이유는 무엇인가? 다른 사람이 새로운 모습에 어떤 반응을 보였는가? 그들의 반응에 어떤 느낌이 들었는가? 자신의 행위를 중단해야 한다는 압박감을 느끼게 한 것은 무엇인가?" 등의 질문에 답하는 리포트를 쓰도록 했습니다. 이 실험을 주제로 쓴 온라인 에세이가 큰 인기를 끌었죠.

하루 동안 시각장애인으로 살아보라는 과제를 낸 적도 있습니다. 시각장애를 가진 사람이 어떤 단서를 활용해 길을 찾는지 알아보자고 했죠.

"이건 선택 과제입니다. 하루 동안 앞이 보이지 않는 시각장애인이 되어 보세요. 과제 전날 붕대나 안대로 눈을 가린 채 잠자리에 들고, 아침 8시 친구에게 데리러 오라고 하세요. 그 상태로 평소와 똑같은 일을 하면서 하루를 보내는 겁니다. 하루 동안 시각장애인으로 생활하면서 '무엇을 했고, 그 일을 왜 했는가? 에

상하지 못한 일은 무엇이었는가? 어떤 것을 배웠는가?'를 생각해 봅시다."

이 경험을 통해 학생들이 가장 크게 배운 것은 타인에 대한 의존성이었습니다. 실험에 참여한 학생들은 자주 길을 잃었어요. 실험 당일 캠퍼스 안뜰의 분수가 꺼져 있었거든요. 학생회관으로 갈 때 분수 소리를 참고하기로 했는데, 그 지표가 사라진 거죠. 길 잃은 학생들은 눈가리개를 떼고 싶은 유혹에 시달렸을 거예요. 이런 상황에 대비해 실험 중 눈가리개를 벗으면 과제는 완전히 끝나게 된다고 미리 말해 두었어요. 그러니 답답해도 눈가리개를 쉽게 벗을 수 없었죠.

'시각장애인으로 살아보기'는 당시 커다란 인기를 끈 과제였습니다. 영향력이 매우 커서 몇 년 동안 수업에 활용하기도 했죠. 물론 참여하고 싶은 사람만 진행하는 선택 과제로요.

결론적으로 시력은 당연히 중요합니다. 하지만 이 실험에서는 그보다 더 주의 깊게 살펴볼 부분이 따로 있어요. 의지할 사람이 있다는 사실이 심리에 미치는 영향이 바로 그것이죠. 한마디로 '독립성이 의존성으로 바뀌는 순간은 언제인가?' 하는 문제인 거예요. 자신을 도와주는 사람이 곁에 있다는 사실을 깨닫는 건 매우 중요한 일입니다. 기꺼이 다른 사람에게 기대려는 의지도 그만큼 중요하죠.

비교적 간단한 실험이었지만 결코 간과해서는 안 될 기본적 개념을 많이 가르쳐준 과제이기도 했어요.

9·11테러와 아부그라이브교도소

9·11테러는 테러리즘과 악에 대한 연구 측면에서 흥미로운 주제인데요, 아부그라이브교도소도 그렇습니다. 그 복잡한 시대에 대한 이야기를 해주세요.

개인적으로 9·11테러를 빠르고 강하게 경험했습니다. 2002년 미국심리학회 모임이 시카고에서 열렸는데, 9·11테러의 여파로 참석자가 절반으로 줄어들었어요. 비행기를 타는 것에 대한 두려움이 컸기 때문이죠.

아무튼 그날 9·11테러 현장에 처음 출동한 소방관들은 브루클린하이츠Brooklyn Heights 소방서 소속이었어요. 테러가 발생한 직후 브루클린하이츠 소방서 서장을 찾아가 "심리학자와 정신과 의사들을 모아 자원봉사를 하고 싶은데요"라고 말죠. 안타깝게도 테러로 붕괴된 건물이 무너지면서 브루클린하이츠 소속 소방

차를 덮쳤고, 이 사건으로 무려 9명의 소방관이 소중한 목숨을 잃고 말았거든요.

소방서가 경찰서와 다른 점은 연대감이 높다는 거예요. 소방관들은 서로 한 가족처럼 지내요. 경찰은 이보다 좀 고립된 편이죠.

아무튼 당시 생존 소방관들은 엄청난 충격을 받았습니다. 이들을 위해 서둘러 심리학자와 정신과 의사, 변호사와 회계사로 이루어진 네트워크를 조직했죠. 사고로 사망한 소방관들이 유언장을 남기지 못했기에 모든 문제를 한 곳에서 해결해주는 네트워크가 필요했거든요. 사건 발생 후 1년여 동안 봉사활동을 했습니다.

생존 소방관들을 처음 만났을 때가 기억납니다. 그들은 "저는 괜찮아요. 월급만 오르면 됩니다. 도움이 필요한 건 제가 아니라 아내와 아이들입니다"라고 말하더군요. 절대 괜찮아 보이지 않은데도 말이에요.

그들의 요청으로 가족을 먼저 치료하기 시작했죠. 우리는 소방관들의 가족을 붙들고 말했어요.

"여러분의 남편과 아버지는 괜찮다고 말합니다. 굳이 도움이 필요 없다고 하네요."

그러자 가족들이 한 목소리로 말하더군요.

"아니에요, 선생님. 남편은 절대 괜찮지가 않아요. 매일 술을 마시는 것도 모자라 약을 먹는데도 잠을 자지 못해요!"

"당신의 남편을 진심으로 돕고 싶습니다. 그러니 심리 치료를 받을 수 있도록 설득해주세요."

그렇게 소방관들의 심리 치료를 시작하게 되었습니다. 이런 게 바로 심리학을 현장에 응용하는 방법이죠. 정말 뿌듯했습니다.

그런데 2년 뒤인 2004년, 이라크에 있는 아부그라이브교도소에서 포로 학대 사건이 터졌습니다. 미군 교도관들이 수감자들의 머리에 봉지를 씌운 뒤 발가벗겨 성적 수치심을 주는 등 학대를 했는데, 그 사진이 전 세계로 빠르게 퍼져 나갔어요. 스탠퍼드 교도소 실험의 매우 강력한 버전이었죠.

솔직히 베트남전쟁과 이라크전쟁 모두 부도덕하고 불법적인 짓입니다. 미국의 아들들을 전장에서 명예롭게 죽게 하려는 대통령들의 거짓말에서 비롯된 전쟁이었잖아요. 모든 게 거짓말 또 거짓말이었죠.

아무튼 이 사건이 터졌을 당시 APA 이사회 회의 참석차 워싱턴에 있었는데, 워싱턴 NPRNational Public Radio, 공영 라디오방송-옮긴이에서 전화가 걸려왔습니다. 스탠퍼드 제자들 가운데 한 명이 그곳에서 일하고 있었거든요. 그는 제 수업 시간에 들은 내용과 똑같은 일이 이라크에서 일어났다면서 관련 내용을 인터뷰하고 싶다고 하더군요.

NPR 방송국으로 갔습니다. 그곳에서 아부그라이브교도소에서 일어난 끔직한 학대 사진을 10~12장 정도 봤어요. 무려 1,000장이 넘는 사진에서 추려낸 거라고 하더군요. 그때까지 우리는 누가 그 사진을 언론사에 팔았는지 몰랐습니다. 사진에 노출된 교도관들의 신원도 불분명한 상태였죠.

부시 행정부의 국방장관 도널드 럼즈펠드Donald Rumsfeld와 부통령 리처드 체니Richard Cheney 등은 소수 사악한 병사의 소행이라고 말했습니다. 합참 본부 리처드 마이어스Richard Myers 장군은 "그들은 일부 썩은 사과일 뿐 99퍼센트는 훌륭한 군인이다"라고 했죠. 이 말을 듣고 NPR과의 인터뷰에서 이렇게 말했습니다.

"우선 미군 교도관, 즉 아무런 훈련도 받지 않은 육군 예비군들은 '좋은 사과'입니다. 그런데 이 사건은 누군가 그들을 '나쁜 통'에 집어넣었다는 가정에서부터 출발해야 합니다. 누군가 좋은 사과를 나쁜 통에 넣어 타락시킨 것이라고 말입니다. 개인적으로 그 나쁜 통이 무엇인지 알고 싶습니다. 그리고 군대에서 '나쁜 통을 만드는 사람'이 누구인지 궁금합니다."

얼마 뒤 이라크 아부그라이브교도소 교도관 가운데 한 명이었던 이반 '칩' 프레더릭 2세Ivan 'Chip' Frederick II를 담당하는 변호사로부터 연락이 왔습니다. 변호인단에 합류해 달라고 부탁하더군요.

"아, 미안하지만 변호인단에 합류할 생각은 없습니다. 그가 한 행동은 비난받아 마땅해요."

"잠깐만요, 교수님. 변호인단에 들어오시면 모든 피고인과 개인적으로 접촉할 수 있습니다. 모든 조사보고서도 직접 확인할 수 있고요. 도움이 될 만한 자료가 전부 제공될 겁니다. 교수님에게 그 누구보다 많은 자료가 갈 수도 있어요."

결국 그 설득에 넘어가고 말았죠.

그 후 일 년 동안 그곳에서 무슨 일이 왜, 어떻게 일어났는지를 이해하는 데 집중했습니다. 수백 페이지에 달하는 13건의 보고서를 전부 읽었어요. 그 보고서를 전부 읽을 수 있는 권한을 가진 사람은 저밖에 없었을 겁니다.

샌프란시스코에서 피고인 칩 프레더릭과 그의 아내를 만나 하루를 보냈습니다. 그는 좋은 사람임이 분명했습니다. 훌륭한 남편이자 아버지였고 멋진 동료였죠. 이라크로 가기 전 쿠웨이트에서 아이들을 돕는 멋진 일도 했고, 군대에서 메달을 12개나 받았을 정도로 뛰어난 군인이기도 했습니다. 이랬던 그가 아부그라이브에 도착합니다. 그곳에서 그는 이미 이성을 잃은 동료들을 만나게 되고, 하사로서 상황을 제어하는 대신 순응을 요구하는 상황의 압력에 굴복하고 말았죠.

왜 그런 행동을 했느냐고 묻자 "모르겠어요"라는 대답이 돌아왔습니다. 당연하죠. '수감자에게 굴욕감을 주겠다'라는 결정에서 나온 행동이 아니니까요. 상황에 영향을 받은 것일 뿐 다른 사람도 다 하는 행동이었으니까요.

하지만 이 사건에는 '카메라'라는 복병이 있었습니다. 누구든 디지털카메라를 가질 수 있는 시대잖아요. 그들은 자신이 한 짓을 전부 사진으로 기록했습니다.

전 세계 모든 교도소에서 학대가 일어나지만 겉으로 드러나지는 않죠. 이들도 같은 생각을 했어요. 교도관들은 자신이 찍은 사진이 외부에 공개될 거라고는 상상조차 하지 못했습니다. 그들은 사진을 CD에 모아놓고 자기들끼리 돌려봤죠. 즐거웠을 겁니다. 실제로 이를 '재미있는 놀이'라고 표현했거든요. "그냥 재미 삼아 한 놀이였어요. 너무 심심해서 죽을 지경이었고, 수감자는 우리의 놀이 대상이었어요"라고 말이에요.

2005년 이탈리아 나폴리에 있는 해군 기지에서 칩 프레더릭 불명예 제대와 관련한 재판이 열렸습니다. 저는 변호인단에 속해 있었기 때문에 당연히 그 자리에 참석했죠. 그리고 그간의 자료를 토대로 다음과 같이 증언했어요.

"재판장님, 칩 프레더릭은 유죄입니다. 자신도 혐의를 인정하고 있습니다. 그는 분명 윤리에 어긋나는 행동을 보이고 수치스러운 일을 했습니다. 하지만 그는 뉘우치고 있습니다.

13건의 보고서를 다 읽은 뒤 저는 군대가 그를 불안정한 상황으로 내몰지 않았다면 절대로 그런 행동을 하지 않았을 것이라고 확신하게 되었습니다. 이라크에서 그는 새벽 4시에 일어나 일과를 시작합니다. 그리고 12시간의 교대 근무를 마친 뒤 숙소로 돌아갑니다. 숙소는 수감자의 감방과 따로 떨어져 있지만 교도소 내에 있는 또 다른 감방일 뿐입니다. 계속되는 폭격으로 그는 극심한 공포 속에서 지내야 했으며, 무려 3개월 동안 교도소 밖으로 나간 적도 없습니다.

칩 프레더릭은 육군 예비군 출신으로 부대의 책임자였지만, 리더십을 경험한 적이 없는 사람입니다. 이런 상황에서 지하 교도소에 수감된 60여 명의 이라크 경찰을 담당해야 했습니다. 마약과 무기를 밀수하고, 죄수의 탈출을 도운 사람들이었죠. 애초부터 그는 놓여 있으면 안 되는 상황에 놓인 것입니다. 그는 나름 최선을 다했지만 결국 상황의 압력에 굴복하고 말았습니다."

재판에서 상황 변론이 등장한 것은 거의 처음 있는 일이었어요. 검사는 프레더릭이 15년을 선고받기를 원했지만 최종적으로 4년형이 선고되었고, 실제로 그 기간 복역을 했죠.

군에서는 프레더릭이 받은 12개의 메달과 상장을 공개적으로 취소해 모욕을 주었습니다. 20년 치 퇴직금도 전부 가져갔죠. 그렇게 그는 자신의 그릇된 행동은 물론 동료들의 잘못을 말리지 않은 것에 대해 혹독한 대가를 치러야만 했습니다.

악을 창조한 교수, 닥터 이블

아부그라이브교도소 사건이 발생한 2004년은 교수님이 은퇴한 해이기도 합니다. 후반기 이야기를 들려주세요.

스탠퍼드 역사상 가장 많은 학생에게 가장 많은 수업을 한 교수였습니다. 전임 교수로 일주일에 5일씩 강의했고, 매년 심리학 기초 과목을 가르쳤죠. 사회심리학, 태도 변화, 마인드컨트롤, 연구 방법론, 수줍음, 광기 수업도 했고요. 물론 한꺼번에 다 한 건 아니지만요.

은퇴는 아주 힘든 결정이었죠. 2004년 은퇴를 결심했지만 결국 점진적으로 이루어졌어요. 수업을 3년 더 했거든요. '인간의 본질 탐구'라는 혁신적 과목도 개설했죠. 3년 동안 그 수업을 진행하면서 독창적인 프로그램을 많이 계발했어요. 그렇게 서서히 수업 중독에서 벗어나고자 했습니다.

2004년은 스탠퍼드 교도소 연구가 사악한 날개를 펼친 채 세계로 뻗어 나가고 있던 때이기도 합니다. 웨스트포인트 해군 아카데미 등 전 세계를 돌며 초청 강연을 했는데 그때마다 "'악을 창조한 남자'가 내 유산이 되기를 바라지 않는다"라고 말했던 기억이 납니다. 악을 창조한 남자라는 별명은 검은 염소수염의 영향도 있어요. 이 수염은 사람을 사악해 보이도록 만들거든요.

아무튼 스탠퍼드 교도소 실험은 유일하게 하루 24시간 내내 진행된 사회과학 연구였어요. 일례로 밀그램의 연구는 단 45분 동안 진행되었죠. 대부분의 심리학 연구는 한 시간 가량 진행되기 때문에 개인적인 변화를 살펴볼 수 없어요. 이 시점, 저 지점 같은 척도를 확인하고 피험자들의 태도가 변했다고 가정하죠. 하지만 스탠퍼드 교도소 실험은 저를 포함해 수감자와 교도관 역할을 맡은 대학원생 등 모든 참가자에게서 일어난 변화를 실제로 보여주었습니다.

이 실험은 일찍이 〈20/20〉 〈60분〉 〈That's Incredible〉 등의 프로그램을 통해 널리 소개되었습니다. 닥터 필이 진행하는 프로그램에서도 한 회 다루었고요. 워낙 유명세를 타다 보니 '교도소 실험이 내 유산으로 남는 건가?'라는 생각이 들기 시작하더군요. 마침 누군가 "당신의 묘비에 '스탠퍼드 교도소 실험의 감독관'이라는 문구가 들어갈까?"라고 말했거든요. 하여튼 그때부터 제 미래에 대해 생각해 보기 시작했습니다.

그러던 중 2007년《루시퍼 이펙트》를 출간했습니다. 집필에만 2년이 걸렸죠. 수감자의 증언, 가석방 심사 등 스탠퍼드 교도소 실험 자료만 몇 상자였는지 몰라요. 아부그라이브교도소 사건 자료도 만만치 않았죠. 뿐만 아니라 홀로코스트, 르완다, 보스니아 관련 자료도 한가득 있었어요. 악과 관련된 자료에 완전히 둘러싸여 있던 시간이었습니다.

'악을 창조한 교수, 닥터 이블Dr. Evil'이라는 유산을 없애려고 노력했는데, 아이러니하게도 악에 대한 챕터를 쓰게 된 거예요. 아부그라이브교도소, 스탠퍼드 교도소 실험, 홀로코스트와 보스니아, 르완다, 밀그램과 앨버트 반두라 등 상황의 힘에 대한 기존의 모든 연구를 요약하고 보니 16장이 되더군요. '완전히 악에서 헤엄치고 있군. 이걸 누가 읽을지 상상이 안 되네. 독자에게 끼칠 영향력을 회복할 필요가 있겠어. 마지막 챕터는 긍정적인 내용으로 채워야만 해'라는 생각이 들었어요.

그래서 "강력한 상황의 힘에 어떻게 저항할 것인가?"라는 질문으로 마지막 장을 채웠습니다. 상황의 힘에 저항할 수 있는 사람은 감히 '영웅'이라고 불러도 이상하지 않아요. 매우 특별한 사람이거든요.

한나 아렌트Hannah Arendt는 '악의 평범성banality of evil'에 집중하며 우리 주변에 있는 악한 사람도 지극히 평범해 보인다고 설명했죠. 그들은 만화책에 나오는 괴물이나 콧수염 없는 히틀러처럼 생기지 않았어요. 그녀는 영웅도 마찬가지일 것이라고 말했습니다. '선의 평범성' 또는 '영웅의 평범성'도 어쩌면 사실일지 모른다고 말이죠. 영웅은 슈퍼 전사가 아니라 그저 강력한 상황의 영향력에 저항하는 사람, 현명하고 실질적인 행동을 하는 보통 사람들입니다. 모든 관련 연구에서 볼 때 그런 사람은 전체 인구의 10~20퍼센트 정도예요. 절대 30퍼센트를 넘지 않아요.

밀그램이나 제 연구(좋은 교도관을 살펴본), 솔로몬 애쉬Solomon Asch의 동조 실험에서 보면 저항하는 사람은 소수지만 항상 존재합니다. 하지만 이들의 전형적 특징을 알려준 연구는 찾아보기 어려워요. 모든 연구가 악한 쪽에 집중되어 있기 때문이죠.

그래서 '저항'에 대한 연구를 해야 한다고 생각했습니다. 그 결과 '상황의 영향력에 저항하는 7단계'를 만들 수 있었죠. 누구나 실행에 옮길 수 있는 저항 지침을 제시한 거예요. 《루시퍼 이펙트》의 마지막 챕터를 '영웅적 행위의 의미'에 대한 내용으로 마무리한 것도 이런 이유에서입니다.

예를 들면 어떤 영웅은 탐험가예요. 무언가를 최초로 한 영웅도 있죠. 인류 처음으로 대서양 무착륙 비행에 성공한 찰스 린드버그Charles Lindbergh처럼요. 마리 퀴리Marie Curie나 조너스 소크Jonas Salk처럼 생명을 구하는 발명을 한 영웅도 있습니다. 도덕적 명분을 지지한 영웅도 있죠. 어려운 이들을 도운 테레사 수녀처럼 말이에요.

"이렇게 다양한 유형의 영웅이 있지만 내가 사람들에게 알리고, 청소년들에게 전하고 싶은 메시지는 따로 있다. 선한 행동을 통해 세상을 좀 더 좋은 곳으로 만드는 '평범한 영웅'이 될 수 있는 자세한 지침을 제공하는 것이다"라는 말로《루시퍼 이펙트》는 마무리되었습니다.

이 책은 큰 성공을 거두었어요. 윌리엄 제임스상, 최고의 심리학 도서상 등을 받았고《뉴욕타임스》베스트셀러가 되었죠. 24개가 넘는 언어로 번역되었고요. 아, 여기서 프랑스는 제외해야겠군요. 프랑스는 반미주의라서 프랑스 심리학도 반미주의를 따르거든요. 주요 국가 가운데서 유일하게 이 책에 관심을 보이지 않은 나라죠.

영웅적 상상 프로젝트를 시작하다

TED는 어떻게 시작하게 된 건가요?

2008년 캘리포니아 몬터레이Monterey에서 열린 TED 콘퍼런스에 참석했습니다. 제자이자 《데일리》의 편집자인 준 코언June Cohen의 초대를 받았죠. 그때까지 TED 콘퍼런스가 뭔지도 몰랐어요. 당시 유나이티드항공이 자사의 저가 항공사 테드Ted를 엄청 홍보하기에 비행기를 자주 타는 고객의 모임인가 싶었죠.

처음 만난 그들은 제게 18분짜리 강연을 부탁하더군요.

"18분이요? 18분 동안 뭘 하라는 거죠?"

"죄송하지만 시간을 정확하게 지키셔야 합니다. 리허설도 해야 하고요. 그럼 저희가 피드백을 할 겁니다."

"꼭 그래야 합니까? 평생 강의를 했는데요."

"교수님, 처음에는 누구나 거쳐야 하는 과정입니다."

그래서 프레젠테이션을 했죠. '악의 심리학'이라는 강연이었는데, 30분 정도 분량이었을 거예요. TED에서는 이것저것을 자르라고 하더군요. 리허설 당시 알람시계가 고장이 나서 정확한 분량을 몰랐어요. 아무튼 TED에서 너무 긴 것 같다고 하더군요. 흐름이 끊기지 않도록 주의하며 그들의 요구에 따랐죠.

TED 측에서 요구한 모든 과정을 거치고 무대 중앙에 그려진 빨간 원 안에 서서 강연을 시작했습니다. "이 자리에 서게 되어 기쁩니다"라고 말했을 뿐인데 벌써 2초가 지났어요. 강연 시작과 동시에 디지털 시계가 시간을 카운트다운 하는데, 17분 58초라는 숫자가 선명하게 눈에 들어왔죠. 저절로 마음이 급해졌어요. 허둥거리는 게 보였는지 프롬프터에 '여길 보지 말고, 관객을 보세요. 3대의 카메라가 있어요'라는 문구가 뜨더군요.

맞아요. 실제 현장에는 강연자를 비추는 카메라, 강연자 뒤에서 관객을 찍는 카메라, 관객석 위에서 돌아가는 카메라가 있었습니다. 이는 사실적이고 역동적인 드라마를 만드는 데 커다란 역할을 해요. 화면 가득 관객이 몰입하는 게 보이거든요.

아무튼 기밀 사항이었던 아부그라이브교도소의 포로 학대 사진을 대중에게 공개한 건 그때가 처음이었어요. 언제 준비했는지 모르지만 TED 측에서는 이미지에 대한 경고 메시지를 화면 가득 내보내고 있었죠.

그런데 어느새 시간이 5분밖에 남지 않은 거예요. 슬라이드는

15장이나 남았는데 말이에요. 아무렇지 않은 척 강연을 이어나갔지만 머릿속은 혼란스러웠어요. '아, 기절할 것 같아' '말이 점점 빨라지고 있어. 천천히 하자' '안 돼, 슬라이드가 15장이나 남았어' '더 빨리 말해' '아니, 못하겠어. 이러다가 쓰러질 것 같아' '관객에게 내 말이 어떻게 들릴까? 미친 사람 같을 거야'. 평생 강연을 해왔지만 그토록 시간에 쫓긴 적은 처음이었죠.

최대한 평정심을 유지하며 관객을 향해 말했습니다.

"무엇이 선량한 사람을 악하게 만드는지에서 무엇이 보통 사람을 영웅으로 만드는지로 넘어가 보겠습니다."

그 순간 딩딩딩 소리가 났습니다. 제한 시간이 다 끝나버린 거예요! 관객석에서 헉하는 소리가 들리는 듯했어요. 모두 클라이맥스를 기대하고 있다는 게 느껴졌거든요. 그 순간 TED의 수장 크리스 앤더슨Chris Anderson이 무대로 올라와 말했습니다.

"저는 이다음 내용이 뭔지 알고 있습니다."

리허설 때 그도 있었으니 당연한 말이었죠.

"그런데 여기서 강연을 끝내기에는 너무 중요한 내용입니다. 이런 일은 거의 없지만 교수님께 몇 분을 더 드리도록 하죠."

그의 배려로 5분 정도 강연을 이어나갔습니다. 영웅적 행동은 특별한 게 아니라 그 누구라도 불의에 맞서 옳은 말을 하고 현명한 행동을 할 수 있다는 생각에서 비롯된다고 결론을 내렸죠.

강연을 끝내고 다음 강연을 듣기 위해 청중석으로 내려갔어요.

많은 사람이 다가와 영웅 실험 아이디어는 정말 혁신적이며, 평범한 사람이 영웅이 될 수 있다는 이야기는 그 자체로 특별했다고 말하더군요.

그런데 마침 TED 콘퍼런스에 이베이 창업자인 피에르 오미다이어Pierre Omidyar가 참석했어요. 백만장자인 그가 생각지도 못한 제안을 하더군요.

"공식적으로 이 일을 할 수 있는 재단을 설립했으면 좋겠습니다. 법률 자문에 필요한 2만 달러를 지원해 드릴게요."

'영웅적 상상 프로젝트HIP, Heroic Imagination Project'의 시작이었습니다.

영웅적 상상 프로젝트는 2008년 캘리포니아에서 비영리단체로 출발했습니다. 스탠퍼드 행동과학심화연구센터Center for Advanced Studies in the Behavioral Sciences에서 이틀간 콘퍼런스를 여는 것으로 시작되었죠. 새로운 조직을 만들기 위해서는 많은 도움이 필요합니다. 다행히도 교수, 군 관계자, 스펜서재단Spencer Foundation 등 뜻을 함께하는 여러 분야의 사람이 모여들었죠.

그런데 여기서 크게 실수한 것이 있어요. 포부가 너무 큰 나머지 다양한 프로젝트를 동시에 추진해 버린 거예요. 샌프란시스코 프레지디오공원 쪽에 넓은 평수의 사무실을 구했는데 CEO, 연구 책임자, 교육 책임자, 자원봉사 책임자, 사무국장, 교육국장 등 많은 직원을 뒀습니다. 자원봉사자도 있었지만 직원의 급여

등 매달 나가는 비용이 엄청났죠. 일 년에 수십만 달러는 되었을 거예요.

프로젝트 운영을 위해 모금을 하고 몇몇 재단에서 지원금도 받았어요. 제 퇴직금도 일부 투자했고요. 그럼에도 2년 뒤 형편이 어려워져 직원을 내보내야 했죠. 사비로 25만 달러를 투자하고 적지 않은 자금을 유치했는데도 그 많은 돈이 어느새 사라져버렸어요. 다들 연봉의 절반만 받고 일했는데도 돈이 없었죠.

HIP에서 추진한 것 중 가장 의미 있는 일을 하나 이야기해 볼게요. 그것은 바로 사회·인지심리학 기초 수업 여섯 가지를 고안한 것이었습니다. 예를 들어 '수동적 방관자는 어떻게 능동적 영웅으로 바뀌는가?' '고정적이고 좁은 마인드셋을 가진 사람을 어떻게 동적인 성장 마인드셋을 가진 사람으로 변화시킬 것인가?'와 같은 기본적 주제를 다루는 수업이죠. 스탠퍼드 동료 교수 캐롤 드웩Carol Dweck의 이론을 확장해 '편견과 차별을 어떻게 이해와 다름에 대한 수용으로 바꿀 수 있는가?'도 살펴보았어요. '부정적 영향을 끼치는 집단을 어떻게 하면 긍정적 영향을 주도록 바꿀 수 있을까?'라는 주제 중심으로 짜인 수업도 있고요.

이 프로그램은 고등학교와 대학교에서 활용하도록 만들었는데, 은퇴한 고등학교 교장 클린트 윌킨스Clint Wilkins와 UC 버클리 재학생 브라이언 디커슨Brian Dickerson 등이 함께 했습니다. 그리고 현재 1,000개가 넘는 미국 고등학교에서 널리 활용되고 있죠.

영국 제작사와 〈인간 동물원The Human Zoo〉이라는 프로그램도 만들었습니다. 우리는 이 프로그램을 통해 대중을 상대로 다양한 실험을 했죠. '방관자 효과'라는 실험을 예로 들어 볼게요.

우리는 리버풀역 계단에 한 여성을 누워 있게 했습니다. 사람들이 쓰러진 여성을 발견하고 도와주기까지 시간이 얼마나 걸리는지 알아보려고요. 4분 동안 무려 35명이 지나갔는데 아무도 이 여성에게 관심을 보이지 않았어요.

HIP 선생님은 고등학교 학생들에게 이 실험 비디오를 보여줍니다. 그리고 홀로 방치되어 있는 여성을 확대한 장면에서 비디오를 일시 정지시킨 뒤 학생들에게 묻습니다.

"이곳을 지나가는 사람들은 무슨 생각을 했을까요? 사람들은 왜 멈추지 않았을까요? 여러분이라면 어떻게 하겠어요? 어떤 상황에 놓여 있는 것과 그 상황을 바라보는 것의 차이점은 무엇인가요? 만약 누군가 이 여성을 보고 걸음을 멈춘다면 그다음에는 무슨 일이 일어날까요?"

그리고 일시 정지시켰던 비디오를 다시 플레이합니다. 실험을 시작하고 나서 처음으로 계단에 누워 있는 여성을 바라보며 걸음을 멈춘 사람이 나옵니다. 그리고 단 6초 만에 두 번째 사람이 그 여성을 도와주기 위해 발걸음을 멈춥니다. 이 비디오에 담긴 메시지는 무엇일까요? '첫 번째 사람이 되어라'는 거죠. 그리고 '두 번째 사람이 되어 변화를 만들라'는 것입니다. 어떻게 그럴 수 있을까요?

이쯤에서 우리는 사람들이 계단에 누워 있는 여성을 도와주지 않은 이유를 살펴봐야 합니다. 아마도 위험할 수 있기 때문이겠죠. 예를 들어 누군가 물에 빠진 것을 보았는데, 자신이 수영을 하지 못한다면 어떻게 해야 할까요? 도와줄 수 있는 사람을 불러와야 해요.

모든 프로그램의 내용은 각기 다르지만 구성은 똑같습니다. '해결해야 할 문제를 어떻게 도전으로 바꿀 수 있는가?'가 기본 명제예요. 결국 모든 선의와 적절한 행동, 장해물 사이에 문제가 존재한다는 뜻이죠. 이처럼 우리 프로그램은 비판적 사고를 연습할 수 있도록 구축되었습니다. 전 세계 학생에게 역동적인 방법으로 비판적 사고를 가르치는 거죠.

몇 년 전 헝가리 부다페스트에서 '수업 진행자'를 교육할 때 방관자 효과를 실제로 실험하게 했습니다. 사람으로 붐비는 장소에서 진행자가 드러눕고 어떤 상황이 벌어지는지를 촬영했죠. 그리고 작년 부다페스트를 다시 방문했습니다. 잘생기고 풍채 좋은 텔레콤Telecom 사장 크리스찬 매드슨Christian Matheson이 800명의 직원 앞에서 이렇게 말하더군요.

"심리학은 다 사기라고 생각했습니다. 그런데 어쩌다 보니 설득을 당해 실험의 피해자 역할을 하게 됐습니다. 부다페스트 광장 한복판에서 심장마비를 일으킨 척하며 누워 있었죠. 5분이 지나도록 도와주는 사람이 없더군요. '내가 죽을 수 있는 상황인데 그 누구도 도와주지 않는구나' 하는 생각이 들었죠. 눈을 감고 누워 있으니 바삐 지나가는 사람들의 발걸음 소리가 더욱 또렷하게 들렸습니다."

정말이지 극적인 추천사였습니다!

스탠퍼드 졸업생 스티브 루조Steve Luczo는 HIP의 가장 큰 후원자입니다. 그는 씨게이트 테크놀로지Seagate Technology의 전무이사이자 전 CEO로 사회의식이 강하고 씀씀이도 후하죠.

할아버지의 고향인 카마라타와 코를레오네Corleone 그리고 아프리카 이주민이 모여 사는 빈민 지역 팔레르모Palermo에서도 HIP 프로그램을 진행하고 있습니다. 그곳에서 HIP의 리더로 활동하고 있는 클레리아 리베로Clelia Libero가 이주민 학생을 교육한 뒤 그들에게 HIP 수업 진행을 맡기면 어떻겠느냐고 하더군요. 아주 좋은 아이디어였죠. 실제로 이주민 출신 학생이 선생님 역할을 맡게 되면 어떤 결과가 나올까요? 그들의 자존감이 올라가는 것은 물론 이탈리아인 또래 집단에서 존중을 받게 됩니다. 아주 바람직한 현상이죠. HIP은 호주, 폴란드, 포르투갈, 카타르, 프라하, 발리, 브라티슬라바 등 수많은 나라와 도시에 진출했습니다.

아, 이란도 빼놓을 수 없죠. 케네디 대통령 이후 이란을 처음 방문한 미국인이 아마 저였을 겁니다. 비자를 발급받기까지 무려 3년이 걸렸죠. 이란을 방문한 기간은 고작 2주였는데 말이에요.

하지만 힘든 만큼 더 큰 의미가 있었던 건 분명해요.

이란에서는 제가 믹 재거Mick Jagger, '롤링 스톤스'의 리드 보컬–편집자로 불립니다. 록스타와 동급일 정도로 인기가 많죠. 제 얼굴이 들어간 우표도 있어요. 그 외 많은 프로모션이 있지만 폴란드 만화가가 Z교수인 저를 위해 만들어준 티셔츠를 가장 좋아합니다. 슈퍼맨 로고 스타일로 만들어진 'Z티셔츠'가 바로 그것이죠.

HIP을 더 많이 알려야 하지만 척추협착증이 심해 더는 여행을 다닐 수 없습니다. 여든네 살이다 보니 거동에도 한계가 있죠. 지팡이와 목발에 의지해 다니는데 불편한 점이 많아요. 그래서 중국에 갔을 땐 휠체어를 타고 돌아다녔어요.

사실 중국을 방문했을 때는 몸보다 마음이 더 힘들었던 것 같아요. 사람마다 원하는 것이 너무 달랐고, 심리학이 제대로 확립되어 있지 않은 상태였거든요. 오랜 공산주의의 영향이죠. 게다가 개인주의가 아니라 전체주의잖아요.

중국처럼 극단적인 전체주의 국가, 헝가리처럼 극단적 민족주의로 변해 가고 있는 나라에서 우리 프로그램이 시행된다는 사실이 신기하기만 합니다.

PART

6

새로운 비전의 탄생

INTERVIEW DATE
20170314

좋은 남자는 다 어디로 갔는가

도널드 트럼프, 자격 없는 대통령

심리학 교수, 엔터테이너가 되다

TV 시리즈 <심리학의 발견>

좋은 남자는 다 어디로 갔는가

2008년 출간된 책 제목이 《가로막힌 소년Boy Interrupted》이었나요?

이 책은 나라마다 다른 제목으로 출판되었어요. 미국에서는 《단절된 남자Man Disconnected》, 영국에서는 《가로막힌 남자Man, Interrupted》, 폴란드에서는 《좋은 남자는 다 어디로 갔는가Where Have all the Good Men Gone》라는 제목으로 말이에요. 아, 이 책을 쓰게 된 계기부터 설명해야겠네요.

5년 전쯤 TED 대표인 크리스 앤더슨한테서 연락이 왔어요.

"TED에서 여러 차례 강연을 하셨는데 그 내용이 모두 흥미로웠습니다. 올해는 뭔가 색다른 것을 해보려고 해요. 3~4분 정도의 짧은 강연을 기획하고 있는데, 교수님이 하나 맡아주셨으면 합니다."

그가 제시한 조건은 하나였어요. 무조건 도발적이어야 한다는 거였죠. 생각해 보겠다고 말한 뒤 전화를 끊었어요. 그런데 딱히 떠오르는 아이디어가 없는 거예요.

그러다 최근 들어 증가하는 '소년들의 실패'가 생각났어요. 소년들이 시험에서 낙제하고 학교를 중퇴하고 인생의 많은 영역에서 낮은 성과를 보이는 문제 말이에요. 왜 이런 일이 일어나는지, 얼마나 극단적인 상황인지에 대한 조사를 시작했습니다. 알고 보니 미국뿐 아니라 전 세계적으로 일어나는 현상이더군요.

실제로 낙제하는 남학생의 수가 많이 늘었습니다. 그 이유가 무엇인지 파고들었죠. 남학생의 비디오게임 참여율이 눈에 띄더군요. 게임에 중독된 남학생이 많거든요. 지금 아이들에게 우선순위는 게임이죠. 게임을 하지 않을 때조차 게임을 생각할 정도로 말이에요.

게임은 하면 할수록 잘하게 됩니다. 게다가 자신의 성과를 화면에서 바로 확인할 수 있죠. 아이들의 인생에서 이토록 즉각적으로 긍정적 영향을 끼치는 건 찾아보기 어려울 정도예요.

아이들을 개인적으로 인터뷰하고, 이와 관련한 온라인 설문조사를 진행했습니다. 그 과정에서 아이들이 게임뿐 아니라 무료 온라인 포르노에 이중 노출되고 있다는 사실을 알았습니다. 남자아이들 가운데 상당수가 게임을 하고 포르노를 보는 데 많은 시간을 보내고 있었어요.

도대체 왜 이런 현상이 일어날까요? 무엇이 이들을 게임과 포르노에 몰두하게 만드는 것일까요? 안타깝게도 이런 소년들 가운데 40퍼센트 이상이 아버지가 없습니다. 미국의 높은 이혼율 때문이죠. 아이가 형편없는 성적표를 받아오면 엄마는 "더 열심히 하렴. 어찌 됐든 난 널 사랑해"라고 말하죠. 반면 아버지는 "이걸로는 충분하지 않아. 용돈도 깎고 게임기도 압수할 테니 그런 줄 알아!"라고 야단을 칩니다. 아버지는 조건부로 사랑을 주지만 엄마는 조건 없는 사랑을 주죠. 그런데 남자아이에게는 외적 동기부여가 필요해요. '남성 역할 모델'이 중요하다는 뜻입니다. 여자아이는 당연히 엄마로부터 그런 역할 모델을 얻고요.

아버지는 "네 행동에 책임감을 가져라. 네가 내 아들이라는 것을 자랑스러워하도록 만들어라"라고 말합니다. 하지만 아버지의 부재로 아이들은 이런 외적 동기부여를 받을 기회를 잃었습니다. 이런 상황에서 아이들은 자신이 가장 잘하고 즐기는 것을 하고 싶어 합니다. 온종일 '방에 앉아 게임만 하고 싶다'라고 생각하죠. 게임 중독입니다. 결국에는 소비 중독이 되겠죠.

예를 들어 매일 하루 10시간씩 게임을 한다고 했을 때 무엇을 먼저 포기하겠습니까? 공부와 운동을 포기하고 친구들과 노는 것을 포기하고 스포츠를 포기합니다. 읽기, 쓰기, 새로운 기술 배우기 등 창의적 활동도 포기합니다. 이는 단순히 미국뿐 아니라 전 세계를 위협하고 있어요.

이런 내용을 정리해 '남자들의 죽음?'이라는 제목으로 TED에서 강연했고 큰 박수를 받았어요. 이 내용을 바탕으로 e북을 써달라는 의뢰가 들어와서 쓰기도 했죠. 《가로막힌 남자》는 그렇게 해서 세상에 나오게 되었습니다.

영웅적 상상 프로젝트가 폴란드에 큰 규모로 퍼져 있어 매년 그곳을 방문합니다. 얼마 전의 일이에요. 주최 측의 안내에 따라 축구장에 가게 되었는데 그곳에서는 상금 100만 달러가 걸린 비디오게임 대회가 진행되고 있었어요. 이것도 아이들이 게임을 하게 만드는 외적 이유 가운데 하나입니다. 부와 명성 말이죠!

게임이 우리 아이들의 머릿속을 가득 채우고 있습니다. 저렴한 VR 고글을 쓰고 포르노를 보면 벌거벗은 아름다운 여성이 남성을 유혹하죠. 문제는 이 아이들이 방에서 절대 나오지 않을 수도 있다는 거예요. 대단히 슬픈 일입니다. 대다수의 남학생이 학업을 포기하고 있다는 뜻이니까요.

전 세계 대학에서 남녀 성비의 심각한 불균형이 나타나고 있어요. 심리학을 비롯해 몇몇 전공에서는 남녀 비율이 30대 70까지 나옵니다. 뭔가 특별한 일이 벌어지고 있는 게 분명해요.

도널드 트럼프, 자격 없는 대통령

가장 최근 쓴 글에 대한 이야기를 해주세요.

지난 몇 달 동안의 사건이 영웅적 상상 프로젝트에

어떤 변화와 어려움을 가져다주었나요?

최근의 난제는 도널드 트럼프Donald Trump가 예상을 뒤엎고 미국의 대통령으로 당선된 일이죠. 그가 대선 후보로 나왔을 때 세계를 돌아다니면서 강연을 하고 있었습니다. 많은 사람이 그가 대선 후보로 나왔다는 사실에 믿을 수 없다는 반응을 보였어요. 폴란드, 헝가리, 자카르타에서는 "미국인들, 도대체 제정신이에요?"라고 물었습니다. 그들은 "조지 부시George W. Bush를 뽑은 것도 용서해줬는데 말이에요" "오바마를 뽑아 실수를 만회하는가 싶었더니 이제 전 세계를 상대로 최악의 나쁜 짓을 하려고 하는군요"라고 말했죠.

실제로 도널드 트럼프는 역사상 전례를 찾아보기 어려운 흥미로운 인물이에요. 힐러리 클린턴Hillary Clinton과의 토론에서 터무니없는 발언으로 언론의 관심을 끌었고요. 그는 '대안적 진실'을 믿기 때문에 자신이 하고 싶은 말을 다 할 수 있습니다. 트위터 중독이고요. 성인이 그것도 미국 대통령이 트위터 중독자라니 누가 상상이나 했겠어요!

그를 둘러싼 상황으로 볼 때 협력이나 타협에 익숙지 않은 인물이라는 걸 알 수 있습니다. 독불장군이죠. "내 말대로 하지 않으면 넌 해고야. 내가 하라는 대로 하거나 싫으면 내 앞에서 당장 꺼져"라는 태도로 사업과 거래를 해왔죠. 그런 사람이 제약 없는 권력을 손에 넣은 겁니다.

하와이에 사는 심리학자 로즈메리 소드Rosemary Sword 그리고 얼마 전 세상을 떠난 그녀의 남편 릭 소드Rick Sword와 시간 기반 치료법인 타임 큐어Time Cure를 고안했습니다. 외상 후 스트레스 장애PTSD를 앓고 있는 퇴역 군인을 위한 치료법으로, 그 효과는 이미 입증되었죠.

매달 로즈메리와 《사이콜로지 투데이Psychology Today》에 칼럼을 쓰는데, 얼마 전 '도널드 트럼프의 위험한 정신장애'라는 글을 올라왔더군요. 한 정신과 전문의가 쓴 칼럼이었어요. 그 전문의뿐 아니라 거의 3만 명에 이르는 임상심리학자가 트럼프의 자기애성 인격장애를 지적하고 있습니다. 그건 심각한 정신장애예요.

임상적 관찰이 아니라 공개적 행동을 관찰한 것으로 누군가의 상태를 진단하는 것은 어렵고 위험한 일입니다. 그럼에도 우리는 그 기사의 속편 격으로 '방 안의 코끼리: 도널드 트럼프의 정신 건강에 대해 공개적으로 이야기할 때'라는 기사를 실었어요.

트럼프에게는 자기애성 인격장애와 더불어 또 하나의 문제가 있습니다. '현재 지향적 쾌락주의자'라는 거예요. 그는 전혀 억제되지 않는 현재 지향적 쾌락주의자입니다. 시간관을 통해 이를 설명해 볼게요.

1999년 존 보이드John Boyd와 짐바르도 시간관 검사를 계발했습니다. 그 검사 기준으로 다섯 가지 시간관을 설정해 놓았죠. 먼저 미래 지향적 시간관을 가진 사람은 항상 열심히 노력하고, 어떤 결정을 내리는 데 있어 결과와 비용 대비 이득을 따집니다.

과거 지향적 시간관을 가진 사람은 경험에서 큰 영향을 받습니다. 과거의 성공과 좋았던 기억 또는 실패와 후회에 초점을 맞추다 보니 기억에서 자유롭지 못합니다. 현재 자신의 모든 행동에 제약을 받게 되는 거죠.

현재 숙명론적 시간관을 가진 사람도 있습니다. 이들은 삶을 통제하는 힘이 따로 있다고 믿습니다. 계획을 세우고, 이를 지키는 것을 완전히 포기한 운명론자들이죠.

트럼프는 현재 지향적 쾌락주의자입니다. 가장 역동적인 타입으로 끊임없이 자극과 새로움을 추구합니다. 이 시간관을 가진 사람은 쉽게 지루함을 느껴요. 계속 주변을 휘저으면서 자신과 타인을 자극하기 위해 살아가죠. 활동성도 높아서 여기저기 많은 그룹에 속해 있다는 특징이 있습니다. 이 유형의 사람들은 항상 새로운 것을 시도하지만 쉽게 지루함을 느끼기 때문에 끊임없이 또 다른 무언가로 넘어가야 합니다. 그리고 충동적으로 결정을 내립니다. 절대 결과를 생각하지 않아요. 미국 대통령 도널드 트럼프가 바로 그런 사람이라고 생각합니다!

그는 결과를 생각하지 않고 항상 충동적으로 결정을 내리죠. 행동에 따르는 결과를 측근과 상의하지도 않아요. 억제 불가능한 어린아이에게 나타나는 특징이죠. 무한한 권력을 가진 사람이 이런 식으로 결정을 내리면 대단히 파괴적인 결과를 가져올 수 있습니다. 큰 문제가 아닐 수 없죠.

그가 위험한 인물이라고 생각하나요?

본능적으로 인간은 기분 좋은 일을 경험하면 이를 지속하려고 합니다. 결국 모든 중독은 현재 쾌락주의를 통해 촉발되죠. 한 가지 예로 헤로인이나 도박이 유해하다는 사실을 모르는 사람이 있을까요? 당뇨 환자에게 설탕이 해롭다는 사실은 우리도 잘 알고 있죠. 하지만 이런 인지적 지식이 행동 변화로 이어지지는 않습니다. 먼저 행동하고 나중에 생각하기 때문이죠! 현재 지향적 쾌락주의 생활방식이 자신을 비롯해 타인에게도 위험을 가할 수 있는 이유가 바로 여기에 있습니다.

이런 사람이 정치적으로 행동하고 다른 이들에게 막대한 영향을 미치는 힘을 갖게 되면 어떻게 될까요? 세계 질서를 위협하는 위험한 존재가 될 수밖에 없습니다.

트럼프의 과거와 현재를 보세요. 더 나은 행동을 보여줄 거라는 희망에 대한 여지를 조금도 주지 않습니다. 그는 분명히 더 위험해질 것입니다. 하지만 이를 어떻게 억제할 수 있는지 아무도 모르죠.

심리학 교수, 엔터테이너가 되다

이쯤에서 심리학자와 교수, 연구자로서의 경력을 돌아봤으면 해요.

먼저 스탠퍼드 이야기를 해보죠.

스탠퍼드대학교에 임용되고 나서 스탠퍼드 심리학과와

교수님 자신에게 어떤 발전이 있었는지 말해주세요.

앞서 말했듯이 저는 브롱크스 빈민가에서 자랐습니다. 6년간 예일대 대학원 과정을 마친 뒤 브롱크스에 있는 뉴욕대학교에 임용되어 그곳에서 또다시 6년을 보냈죠. 안타깝게도 뉴욕대학교에서 보낸 시간은 무척 불행했어요. 지금은 좋은 학교지만 당시에는 그다지 좋은 학교가 아니었거든요. 가르치고 싶다는 의욕을 불러일으킬 만한 흥미로운 학생도, 연구를 함께하고 싶은 동료도 없었죠. 특히 사회심리 분야 교수들과 접촉이 없는 게 너무 힘들었어요. 그곳에서 사회심리학자는 제가 유일했거든요.

훌륭한 교수진이 있는 더 좋은 대학으로 가기 위해 독창적 연구와 논문 발표를 많이 해야 한다고 생각했죠. 실제로 그렇게 했고, 다행히 효과가 있었습니다. 1963년 스탠퍼드대학교 여름 학기 강사로 초빙되었거든요. 제가 유능한 교수라는 사실을 스탠퍼드 교수진에게 알릴 절호의 기회였죠.

대학원 수업 2개를 맡았습니다. 그때 고든 바우어도 스탠퍼드에 있었어요. 앞서 말했듯이 우리는 예일대학교 대학원을 같이 다녔고, 그가 결혼할 때 신랑 들러리를 서기도 했죠.

당시 인지 부조화 관련 연구를 하고 있었는데, 인지 부조화는 원래 스탠퍼드의 레온 페스팅거 교수가 내놓은 이론이었습니다. 1968년 인지 부조화를 연구하던 페스팅거가 스탠퍼드를 떠나 뉴욕 뉴스쿨사회연구대학원New School of Social Research으로 이직하게 되었는데, 관련 연구를 하고 있던 제가 자연스럽게 그의 빈자리로 들어가게 된 거죠.

흥미로운 반전은 또 하나 있습니다. 예일대학교 시절 스승이었던 빌 맥과이어 교수가 당시 컬럼비아대학교에 있었어요. 저는 1968년까지 컬럼비아 대학원에서 초빙 교수로 활동하기로 계약된 상태였죠. 그런데 1967년 맥과이어 교수가 컬럼비아를 떠나게 되었습니다. 당연히 컬럼비아에서는 빌 맥과이어를 대신할 새 교수를 찾아야 했죠. 하지만 당시 제 이름은 그 후보자 명단에 들어 있지 않았습니다. 컬럼비아 대학원생으로 제 수업을 듣던 주디 로딘과 리 로스가 새교수채용위원회에 적극 추천했음에도 말이에요. 말도 안 되는 일이었죠. 바로 눈앞에 있는 저를 두고 다른 사람을 찾으려고 하다니!

그런 상황을 이해할 수 없어서 많이 우울했습니다. 임용만 되면 평생 컬럼비아에 목숨을 바칠 생각도 있었거든요.

1967년 12월 첫째 주에 스탠퍼드 심리학과장 앨버트 하스토프에게서 전화가 왔습니다. 스탠퍼드 심리학과 정교수들로부터 허락이 떨어졌으니 9월부터 시작하는 종신 교수직을 맡는 게 어떠냐고 말이에요. 처음에는 농담인 줄 알았습니다.

일주일 후 비행기를 타고 스탠퍼드로 가서 제가 하는 모든 연구에 대해 이야기했습니다. 그곳에 합류할 자격을 충분히 갖췄음을 증명할 필요가 있었거든요.

그렇게 컬럼비아와 계약 기간이 끝났고, 1968년 여름을 스탠퍼드에서 시작하게 되었죠. 하지만 형편이 너무 어려웠어요. 뉴욕대학교에서 오랫동안 학생을 가르쳤지만 월급이 적었고 빚도 좀 있었죠. 그래서 어쩔 수 없이 기숙사 상주 교수로 스탠퍼드에서 생활을 시작했습니다. 상주 교수가 되면 무료로 숙식을 제공받을 수 있었거든요. 정교수였지만 자동차도 없어서 늘 자전거를 타고 다녔습니다. 동료 교수들이 먼 곳으로 출장이나 휴가를 가면 종종 그 차를 대신 사용하기도 했어요. 물론 깨끗하게 세차해서 돌려줬죠. 그래도 좋기만 했어요.

1968~71년은 제 인생에서 가장 생산적인 4년이라고 말할 수 있겠네요. 우선 교재《심리학과 삶》의 집필을 시작했죠. 이 책은 1971년 출판된 뒤 10만 부 이상 판매되었습니다. 덕분에 경제적 문제를 어느 정도 해결할 수 있었죠. 인지 부조화와 관련된《동기부여의 인지적 통제》를 쓴 뒤, 동기부여와 행동 변화에 대한 세 번째 책도 출간했어요. 기사도 많이 썼고요. 4년 동안 책 4권과 많은 기사를 만들어냈습니다.

처음 수업을 했던 때가 기억납니다. 이미 어느 정도 규모가 있는 편이었죠. 학생 수가 점점 늘어나기 시작하더니 어느 순간 1,200명을 상대로 수업을 진행하고 있더군요. 강당 발코니까지 학생들이 꽉 들어찰 정도였죠. 대단히 감사한 일이지만 뭔가 잘못되어 가고 있다는 생각이 들었어요.

중요한 건 강의를 듣는 학생 수가 아니라 그들과의 거리거든요. 대강당 무대에 서면 학생과의 거리가 꽤 멀었죠. 이 말은 곧 교수가 엔터테이너가 되어야 함을 의미합니다. 엔터테이너 또는 퍼포머가 되기 위해 최선을 다했지만 우뚝 솟은 무대 위가 아닌 수평적인 곳, 관객인 학생에게 쉽게 다가갈 수 있는 장소에서 강의를 하고 싶다는 갈망에 늘 시달렸어요.

완벽하지는 않지만 대학원생을 상대로 하는 수업을 통해 이 갈망을 조금 해소할 수 있었죠. 대표적으로 '교수법'에 대한 강의를 들 수 있겠네요. 교수법은 교수가 학생에게 지식을 전달하는 방법을 말해요. 한마디로 '잘 가르치는 방법을 가르치는 거'예요. 효과적인 프레젠테이션 방법 같은 걸 알려주는 거죠.

한 가지 예로 교수가 되기를 희망하는 대학원생들이 있으면 그 대학원생의 강연 시연을 비디오로 촬영한 뒤 함께 분석하면서 잘하고 있는 것과 잘못하고 있는 것을 체크해줍니다. 아주 뿌듯한 수업이었어요. 이 과정을 통해 실제로 훌륭한 교수가 된 학생도 많고요.

그런 생산성과 영향력이 어떻게 가능했나요?

당시 스탠퍼드는 '세계 최고의 명문대로 만들겠다'라는 목표 아래 능력이 입증된 스타 교수를 여럿 초빙한 상태였습니다. 심리학과 역시 순식간에 최고의 교수진으로 채워졌죠. 이전부터 학교에 있던 엘리너 맥코비를 제외하고 아모스 트버스키와 존 플래벌, 앨버트 반두라, 월터 미셸, 고든 바우어 등이 그때 영입되었어요.

저 역시 그 시기에 스텐포드로 영입되었습니다. 그래서 임용 당시 제 능력을 증명해 보여야 한다는 생각이 강했어요. 심리학계의 슈퍼스타가 몰려 있는 곳이었으니까요.

다른 교수들과 협업이 많이 이루어졌나요?

아뇨. 교수들은 엄격하게 분리되어 있는 편이었어요. 다들 연구실과 제자가 따로 있었죠. 하지만 저는 늘 다른 교수들과 교류할 기회를 엿보고 있었어요. 마침 《심리학과 삶》을 집필하기 시작했고, 관련 교수들을 찾아가 조언을 구했습니다. "교수님의 전문 분야에 대한 챕터를 쓰고 있습니다"라고 하면서 말이에요.

심리학과의 모든 교수에게 "이 주제에 관심을 가져야 하는 이유가 무엇인가? 그저 고루한 학문에 불과하지 않은 이유는 무엇인가? 이 주제에 왜 관심을 갖게 되었는가? 평생 이 분야를 연구하기로 한 이유는 무엇인가?" 등을 물어봤어요. 16개의 각기 다른 주제로 구성된 책이었는데, 덕분에 다른 교수들이 무엇을 연구하는 중인지 알 수 있었습니다. 그리고 그들 역시 제가 어떤 사람인지를 알게 되었죠. 덕분에 《심리학과 삶》은 단순한 교재에서 벗어나 다른 교수들에게도 매우 흥미로운 책이 되었습니다.

원래 사교성이 좋은 편이라서 교수들의 모임도 만들었어요. 한 달에 한 번 누군가의 집에 모여 자신의 연구에 대해 발표하는 자리를 만든 거죠. 지적인 분위기에 취할 수 있는 매우 흥미로운 시간이었습니다.

TV 시리즈
<심리학의 발견>

TV 시리즈 제작에도 참여했죠?

몇 년이 지난 뒤 〈심리학의 발견Discovering Psychology〉이라는 프로젝트에 참여하게 되었습니다. 26부작으로 구성된 TV 시리즈였죠. 어느 날 방송국에서 연락을 받았는데 이렇게 말하더군요.

"심리학 프로그램을 하나 기획하고 있습니다. 요즘 미디어에서 보여주는 심리학은 프로이트와 뇌에 대한 것밖에 없어요. 그것 말고도 많은 것이 존재하는데 말입니다."

당연히 더 많은 것이 있다고 대답했죠.

"그렇죠? 교수님! 심리학이 얼마나 무궁무진하겠어요. 그래서 말인데요, 이 시리즈의 기획을 도와주고 내레이션을 맡아줄 사람을 찾고 있습니다. 참고로 교수님 외 다른 몇 명의 후보를 인터뷰할 예정입니다."

이 프로그램의 진행자 자리를 두고 긍정심리학자 마틴 셀리그만Martin Seligman을 비롯해 다른 유명 심리학 교수 몇 명과 경쟁을 벌여야 했습니다.

경쟁은 어떤 과정을 통해 이루어졌나요?

일단 동부에 위치한 스와스모어대학으로 가서 방송국 관계자들이 지켜보는 가운데 강의를 했습니다. 그들은 제가 어떻게 강의하고, 관객들과 어떤 식으로 상호작용을 하는지 관찰했어요. 그때까지만 해도 여러 후보자 가운데 한 명이었죠.

결국 제가 선정되었고, 방송국에서는 국립과학재단으로부터 200만 달러 상당의 지원금을 받는 것과 프로그램 대본 작업을 도와달라고 하더군요. 지금은 푼돈이지만 당시 200만 달러는 엄청난 액수였죠.

〈심리학의 발견〉은 심리학의 모든 것을 다루는 시리즈였습니다. 심리학, 연구 방법론, 발달심리, 인지심리, 신경심리, 사회심리, 성격 등에 대한 Z교수의 심리학 기초 강좌라고나 할까요. 이 프로그램을 만들기 위해 스탠퍼드를 2년간 휴직했어요. 한 편당 20~50페이지에 달하는 원고를 써야 했거든요. 방송국 스태프를 교육하기 위한 배경 지식이 필요했기 때문이죠. 정말 강도 높은 작업이었어요.

프로그램의 형식은 이렇습니다. 시청자에게 해당 회차의 주제를 소개한 다음 카메라를 들고 그와 관련 있는 유명 심리학자의 연구실을 찾아갑니다. 연구실에서 대화가 끝나면 근대 심리학 창시자인 프로이트나 윌리엄 제임스 등에 대한 자료가 2분 정도 화면을 채우죠. 이후 거리로 나가 지나가는 사람과 심리학에 대한 이야기를 나누는 제 모습이 나옵니다. 역사적이고 연구 지향적인 동시에 현대적인 방식이었죠.

〈심리학의 발견〉 시리즈는 대성공을 거두었습니다. 수백만 명의 학생과 교사가 이 프로그램을 통해 심리학의 기초를 배웠죠. 성인을 대상으로 한 교육 시리즈였지만 중·고등학생과 교사, 학부모 등을 상대로 그 대상을 점차 넓혀 나갔어요. 그 결과 전 세계 고등학교 심리학 심화 과정에 꼭 필요한 자료가 되었죠. 프로그램이 완성되기까지 3년의 시간이 걸렸고, 그 영향으로 연구와 저술 활동에 차질을 빚긴 했지만 후회는 없습니다.

〈심리학의 발견〉 시리즈를 진행할 당시 경험했던 특별한 에피소드 하나가 생각나네요. 당시 아모스 트버스키와 대니얼 카너먼이 아주 획기적인 연구를 진행하고 있었는데, 이를 시리즈에 포함시키고 싶었습니다. 그래서 제작진을 설득했죠.

"판단과 의사결정을 다루는 에피소드를 넣되, 내용의 절반을 두 사람의 연구에 할애합시다. 제가 문제를 제기하면 그들이 해결책을 제시하는 식으로요. 두 이스라엘인은 매우 역동적이고 논쟁적이어서 평소와 달리 카메라 2대가 필요할 겁니다."

방송국에서는 제작비 문제로 거절하더군요. 하지만 포기할 수 없었죠. 의사결정에 대한 연구 가운데 그처럼 독창적인 관점을 가진 사람들을 처음 보았으니까요. 그들의 연구가 고전이 되리라는 사실을 예감했거든요. 제작진을 설득하고 또 설득해 결국 동의를 얻어냈습니다.

스탠퍼드에서 촬영 준비를 끝낸 제작진이 두 사람에게 몇 가지를 요구했어요. 넥타이를 착용할 것과 메이크업을 받으라는 거였죠. 이스라엘인은 넥타이를 하지 않아서 두 사람에게는 넥타이 자체가 없었습니다. 결국 방송국에서 넥타이를 빌려줬죠.

그들은 인위적으로 상황을 연출하는 것에 기분이 상했어요. 결국 무언의 반란을 일으켰습니다. 카메라는 돌아가고 있는데 도무지 소통을 하려고 하지 않더군요. 방송에 적합한 그림을 촬영하기 위해 이리저리 유도해 봤지만 무용지물이었어요. 분위기가 얼마나 삭막했던지 제작진이 "두 사람과 정말 아는 사이냐"라고 물어볼 정도였죠.

어렵게 한 시간 정도 촬영을 진행한 뒤 잠시 휴식 시간을 가졌습니다. 그런데 이게 무슨 일인지! 카메라가 꺼지자마자 그들은 기다렸다는 듯 연구에 대한 이야기로 열정의 꽃을 피우더군요. 그러다가 카메라에 빨간 불이 들어오면 다시 얼어버리고요. 보다 못해 감독에게 말했습니다.

"두 사람의 상호작용을 기대하기는 어렵겠어요. 감독님이 먼저 대니얼에게 말을 걸고 그다음 아모스에게 말을 거세요. '아모스, 대니얼의 말에 동의합니까?' '대니얼, 아모스의 말에 동의합니까?'라고요. 이 멘트로 두 사람의 대사를 연결합시다."

12분짜리 특별한 에피소드는 그렇게 해서 탄생했어요.

그 영상은 두 사람이 남긴 유일한 인터뷰 자료가 되었습니다. 그로부터 얼마 뒤 아모스가 세상을 떠났거든요. 안타까운 일이었죠. 이후 대니얼은 전망 이론prospective theory으로 노벨상을 받았는데 "아모스가 없었다면 이 연구는 불가능했을 겁니다"라는 수상 소감을 남겼죠. 맞아요. 아모스는 제가 아는 그 누구보다 명석한 사람이었어요. 별별 천재가 다 모인 스탠퍼드에서도 가장 뛰어난 사람에 속했죠. 반두라, 미셸, 바우어, 리 로스 등 모든 동료가 아모스는 차원이 다르다고 인정했습니다. 그는 정말이지 창조적이고 특이한 이론가였어요.

어떤 면에서 그렇게 생각하죠?

가끔 교수들 사이에서 토론이나 논쟁이 격렬해질 때가 있습니다. 그때마다 아모스는 곧장 핵심을 짚어내곤 했죠. "제가 보기

엔 세 가지 관점이 있는 것 같군요. 첫 번째 방법은 수익성이 가장 낮으니 나머지 두 가지 방법에 집중해야 한다고 생각합니다. 저는 두 번째 방법에 찬성표를 던지겠어요"라는 식으로 말이에요. 다들 아모스의 말에 동의했죠.

교수 회의는 보통 화기애애한 분위기에서 진행되지만 가끔 논쟁이 벌어지곤 해요. 그때마다 아모스는 부드러운 태도로 늘 핵심을 짚어주었습니다. 절대 고압적이지 않았죠. 그의 말을 들을 때마다 저를 포함한 다른 교수들은 "나는 왜 저런 생각을 못했을까?"라는 고민에 빠지곤 했어요. 탁월한 사람이었기에 모두가 그의 관점에 동의할 수밖에 없었습니다. 단숨에 본질을 파악하는 천재성이 돋보이는 친구였어요.

PART 7

돌아보며,
자부심 가득한 미래를 꿈꾸며

INTERVIEW DATE
20170314

소수 집단과 여성 교수 임용에 앞장서다

평화를 위한 반전운동

평범한 사람이 영웅이 되어야 하는 이유

소수 집단과 여성 교수 임용에 앞장서다

심리학과 내에서 논쟁거리는 없었나요?

한동안 흑인과 관련한 문제가 있었습니다. 1970년대 중반 스탠퍼드 대학원 심리학과에는 이미 5~6명의 흑인 학생이 있었어요. 학과, 학부를 통틀어 가장 많은 숫자였죠. 그럼에도 우리는 흑인 학생과 교수를 더 늘려야 한다고 생각했어요.

문제는 영입 가능한 인재가 많지 않다는 데 있었습니다. 이미 두 명의 연구 심리학자를 임용하긴 했지만 그들의 실력이 형편없었거든요. 그중 한 명인 필 맥기Phil McGee라는 친구는 연구보다 연극에 관심을 보였죠. 결국 그는 연구실이 아닌 드라마스쿨에서 더 많은 시간을 보내더군요. 나머지 한 명은 블랙 팬서Black Panthers, 1965년 결성된 급진적인 흑인운동단체-옮긴이에 동참했고요.

교수진 가운데 한 명인 세드릭 클라크Cedric Clark 박사는 '흑인 무슬림 세드릭 X'가 되었습니다. 블랙 팬서가 아닌 흑인 무슬림이요. 어느 순간 크고 까만 차를 타고 출퇴근하더니 갑자기 경호원을 대동하기 시작했어요. 경호원들이 연구실 앞을 지키고 서 있기까지 하더군요. 사건 사고가 많았지만 그럼에도 우리는 흑인 대학원생과 교수를 늘려야 한다고 생각했습니다.

커티스 뱅크스는 처음 받은 흑인 대학원생 가운데 한 명으로, 늘 제 곁에서 연구를 도왔어요. 대학원 과정을 3년 만에 끝낼 정도로 명석한 친구였죠. 3년 만에 대학원 과정을 끝내는 게 당시에는 흔치 않은 일이었거든요.

그는 프린스턴대학교에서 최초의 흑인 교수로 임용되었고 종신재직권도 받았습니다. 나중에는 사회에 더 큰 영향을 주고 싶다면서 유서 깊은 흑인 대학인 하워드로 옮겼죠. 《흑인 심리학 저널Black Psychology Journal》을 창간해 많은 흑인 심리학자의 역할 모델이 되기도 했어요. 하지만 안타깝게도 젊은 나이에 세상을 떠나고 말았습니다.

그 외에도 세드릭 클라크, 메리 뱅크스Mary Banks, 웨이드 노블스Wade Nobles, 켄 몬티에로Ken Montiero 등이 흑인 학생으로 상당히 좋은 성과를 보여주었어요. 켄 몬티에로는 어니스트 잭 힐가드의 최면술센터를 거쳐 샌프란시스코주립대학교 소수민족학 소장이 되었고, 웨이드 노블스는 흑인가족생활및문화연구소를 설립해서 흑인들에게 엄청난 영향력을 미쳤죠. 활발한 저술과 강연으로 흑인 심리학을 널리 알린 인물입니다.

물론 모든 학생이 훌륭했던 것은 아닙니다. 흑인이 많이 사는 디프사우스Deep South, 미국 남부 여러 주 가운데 루이지애나·미시시피·앨라배마·조지아·사우스캐롤라이나 5개 주를 말함-옮긴이 지역 출신의 한 흑인 학생은 굉장히 반항적이었습니다. 그는 교수진을 '톰 아저씨'라고 부르며 흑인을 위해 아무것도 하지 않는다고 비난했죠. 자신의 박사 논문에 지도교수의 이름을 올리지 않겠다고 했을 정도였어요. 제가 그 박사 논문에 이름을 올리지 못한 지도교수 가운데 한 명입니다.

마지막으로 우리가 임용한 흑인 교수 클로드 스틸Claude Steele의 이야기입니다. 현재 클로드는 단순한 흑인 심리학자에서 벗어나 선도적인 사상가로 자리 잡았습니다. 대표적인 흑인 심리학자이자 스탠퍼드의 새로운 스타가 되었죠.

클로드 스틸은 스탠퍼드에 와서 '고정관념화의 위험'에 대한 연구를 시작했는데, 이 연구에 많은 대학원생을 참여시켰던 기억이 납니다. 아무튼 그를 스탠퍼드로 영입하는 데 일조했다는 사실을 늘 자랑스러워하고 있어요.

여성 교수의 경우는 어떤가요?

엘리너 맥코비는 스탠퍼드 심리학과에 유일한 여성 교수로 오래 있었잖아요.

1971년 당시 연인이었던 크리스티나 마슬라흐는 버클리대학교 심리학과에 임용되었습니다. 버클리에서 임용한 첫 여성 교수였죠. 덕분에 저도 스탠퍼드 심리학과에 여성 교수를 임용하는 것에 큰 관심을 두게 되었습니다. 그 후 10년 동안 우리는 훌륭한 여성을 많이 영입했어요.

로라 카스텐슨Laura Carstensen은 아동 발달 과정을 수명 발달 과정으로 확장해 스탠퍼드장수센터를 설립했죠. 그녀의 남편 이안 고틀립Ian Gotlib은 장수센터의 과장직을 맡고 있습니다. 언어 전문가 허브 클라크Herb Clark와 언어학과의 이브 클라크Eve Clark 외에도 마커스와 자욘스, 마크 레퍼Mark Lepper와 진 레퍼Jeanne Lepper 등 심리학과에는 부부 교수가 많았어요.

특히 진 레퍼는 수십 년간 스탠퍼드 산하 빙유아원Bing Nursery School 원장을 지냈는데, 그곳에서 '미취학 아동의 수줍음'에 대한 관찰 연구를 하기도 했습니다.

스탠퍼드에는 뛰어난 능력을 갖춘 여성 대학원생도 많았어요. 앤 퍼날드Anne Fernald는 여성 최초로 종신재직권을 받은 교수 가운데 한 명이고, 엘렌 마크맨Ellen Markman 역시 높은 보직까지 올라갔죠. 헤이즐 로즈 마커스Hazel Rose Markus도 영입했는데, 나중에 알고 보니 문화심리 분야의 슈퍼스타더군요. 스탠퍼드는 항상 문화심리 부문이 약했거든요. 그녀가 큰 힘이 되어 주었죠. 그녀의 남편 로버트 자욘스도 나란히 스탠퍼드에 임용되었는데, 그 역시 우리 학과에 많은 도움이 되었습니다. 교수로서, 지도자로서 평판이 대단한 사람이었죠.

흑인이나 여성 인재를 영입하기 위한 시도는 시대를 앞서간 노력이었나요, 아니면 전반적인 분위기가 그러했나요?

우리는 심리학과가 백인 또는 남성으로만 이루어지는 것을 원하지 않았어요. 스스로 한계를 만드는 일이니까요. 그렇게 되면 대학원생에게도 다양한 모델을 제공할 수 없습니다. 우리는 인종, 종교, 성별에 상관없이 세계 최고의 학자들과 연구 지향적인 심리학자들을 데려오고 싶어 했죠.

생각해 보니 제가 했던 일 가운데서 시대를 앞서간 게 또 하나 있네요. 대학원생에게 기업 취직을 장려했거든요. 이전에는 없던 일이었죠. 1980년대만 해도 최고 졸업생에게는 최고의 교수 자리를 얻어주는 게 우리의 일이었습니다.

프린스턴, 예일, 하버드, 듀크, 뉴욕대에서 교수 채용 공고가 뜨면 우리에게 연락이 옵니다. 그러면 교수진이 모여서 '우리 학생 가운데 그 자리에 가장 잘 어울리는 사람은 누구인가?'를 생각하고 결정합니다. 가장 적합한 학생을 선택해 시범 강의를 준비시키죠. 전공생이 바로 가서 강의할 수는 없잖아요. 사회, 인지, 발달심리 등 각 전공 분야에 따라 학생들이 시범 강의를 실시하면 참관한 교수들은 임용에서 좋은 결과가 나오도록 피드백을 주는 형식이죠.

그런데 1990년대가 되면서 상황이 달라지기 시작했습니다. 실리콘밸리가 뜨거운 감자로 떠오르고 있었거든요. 명문대에 임용되지 못한 졸업생들은 결국 실리콘밸리로 빠지기 시작했어요. 당시 교수 임용에 실패한 학생의 기분은 말이 아니었을 겁니다. 대학이 아니라 기업으로 빠지면 이류로 취급받던 시대였으니까요.

학생에게 좋은 교수가 되는 방법을 가르치기 위한 많은 노력을 쏟아부었지만 교편을 잡지 않을 학생에게는 필요 없는 교육이었죠. 결국 기업에 진출하는 졸업생을 제대로 준비시키지 못하고 있다는 사실을 깨달았습니다. 이러니저러니 해도 최고 명문대 스탠퍼드의 졸업생인데 말이죠. 기업으로 진출하는 졸업생을 위한 별도의 준비가 필요하다는 생각이 들었고, 이를 추진하기 위해 목소리를 냈죠.

졸업생을 위해 훌륭한 기업 심리학자가 되는 방법을 가르칠 필요가 있었습니다. 그래서 '기업심리학자 되기'라는 새로운 강의를 개설했어요. 학계가 아닌 다른 분야로 나갈 학생은 반드시 수

강하라고 홍보했죠. 실리콘밸리에는 우리 졸업생을 위한 고연봉 일자리가 많았거든요.

재향군인병원이나 제넨텍Genentech 관계자들을 수업에 초빙했습니다. 그들은 자신이 하는 일과 업계에서 원하는 적성 같은 것에 대해 이야기해줬어요. 그 과정을 통해 비즈니스에서는 모든 연구가 팀으로 이루어진다는 사실을 알게 되었습니다. 개인적으로 이루어지는 연구가 거의 없었죠. 이는 승진이 개인의 학문적 성취도에 따라 결정되지 않는다는 것을 말해주죠. 무엇을 하든 항상 팀원이 옆에 있으니까요.

그러나 스탠퍼드대학교에서는 그런 일에 대비하는 교육을 하지 않았죠. 지금까지 1등이 되는 방법만 가르쳤는데 '팀원의 관점에서 생각하는 법'을 교육해야 했던 거죠. 이를 위해 3년 차 학생을 대상으로 일 년 동안 협력하는 방법을 가르쳤어요. 다른 학생 또는 다른 학과와 협업 연구를 하는 방법 말이죠. 뿌듯했습니다.

스탠퍼드대학교는 탁월한 교수들을 영입했지만 안타깝게도 임상 프로그램에는 힘을 쏟지 않았어요. 여기서 말하는 탁월한 교수는 논문을 출판하거나 외부에서 수상하거나 연구지원금을 받는 사람이에요.

하지만 임상심리 분야는 환자를 만나거나 감독하는 데 엄청난 시간을 쏟아부어야 하기 때문에 논문을 많이 출판할 수가 없어요. 이는 곧 승진 실패를 뜻합니다. 임상심리학자의 사기가 낮은 이유 가운데 하나죠.

반두라와 미셸을 비롯한 성격심리학자들은 미국 최고의 임상심리 과정을 만들 필요가 있다고 말했습니다. 임상심리 과정을 만들기 위해서는 클리닉, 직원, 비서, 연구 코디네이터 등 다양한 인력이 필요해요. 당연히 많은 돈이 들어갈 수밖에 없죠. 하지만 학교 측에서는 투자 가치가 낮다는 이유로 클리닉을 해체했어요.

따라서 임상 교육을 받지 못하는 것이 스탠퍼드 심리학과의 최대 약점이라고 생각하는 학생이 많았죠. 교육대학에서는 항상 임상 교육을 진행하거든요. 차선책을 찾아야 했어요. 그래서 학생들을 다른 대학교의 임상 교육 교수에게 보냈습니다.

심리학자가 여러 분야를 아우르기 위해서는 사회, 인지, 문화 심리뿐 아니라 임상 경험도 반드시 필요합니다.

다른 학과와의 협업은 어땠나요?

협업이 그리 많지 않았습니다. 스탠퍼드의 약점 가운데 하나가 바로 학과들의 고립이에요. 그럼에도 초기 스탠퍼드 심리학과는 로스쿨과 협업을 진행했습니다. 동료인 데이비드 로젠한David Rosenhan이 혁신적인 심리학과 법 수업을 추진했죠. 그런데 그 수업을 들은 학생 가운데 상당수가 심리학이 아니라 법률 쪽으로 빠졌어요. 당연한 결과라고 생각했습니다. 법률 쪽이 더 큰 부와 명성을 가져다주잖아요.

심리학과와 오랜 기간 관계를 이어온 곳은 경영대학원인 것 같네요. 경영대학원은 사회심리에 기반을 두고 있으니까요. 그곳에는 항상 사회심리학자가 있었어요. '비즈니스에서 가장 중요한 기술은 사회적 집단의 상호작용과 역학을 이해하는 것'이라는 사실을 깨달았기 때문이겠죠.

문제는 경영대학원 초임 부교수와 심리학과 정교수가 비슷한 연봉을 받는다는 데 있었죠. 경영대학원으로 간 교수는 대부분 심리학과로 돌아오지 않았습니다. 의대 쪽으로 간 교수도 마찬가지였죠. 우리는 교육학 쪽과 접촉이 많지 않았고, 사회학이나 정신의학 쪽과는 아예 교류가 없다시피 했죠. 학교 측에서 적극적으로 장려하지 않았거든요. 스탠퍼드의 부정적 측면이죠. 학장이 학과 간 콜로키움colloquium, 특정 주제와 관련해 권위 있는 전문가를 초빙하여 해당 주제를 공동으로 연구하는 모임 방식-옮긴이이나 협업을 장려했다면 어땠을까 싶네요.

훗날 스탠퍼드는 학제 간 연구로 명성을 얻게 되었죠. 생물학과 기술 등 다양한 영역을 통합한 덕분이었습니다. 하지만 제가 재직할 당시에는 그런 게 없었어요. 학과 간 상호 교류가 없었다는 게 큰 아쉬움이었죠.

심리학 전공자가 가장 많은 시절도 있었습니다. 아마 500명도 넘었을 거예요. 당시 규모로는 그들을 감당하기가 버거웠던 게 사실이에요. 그러다가 경제 침체가 일어났고, 많은 학생이 경영 대학원으로 옮겨갔어요.

그러던 중 돈 케네디Don Kennedy가 인간생물학 과정을 개설했습니다. 피를 보지 않아도 되는 생물학을 원하는 의예과 학생은 심리학 대신 그 과정을 선택했어요. 심리학 전공자는 500명에서 250여 명으로 줄어들었고, 계속 그 수준에 머물렀습니다. 아주 좋은 현상이었죠. 교수가 학생을 감당할 수 있는 수준이 되었잖아요. 예전엔 그렇지 못했거든요.

교수님의 경쟁자는 누구였나요?

저와 경쟁했던 수업이 두 개 있었습니다. 하나는 헤런트 카차두리안Herant Katchadourian의 '인간의 성'이었고, 다른 하나는 윌리엄 디멘트William Dement의 '수면과 꿈'이라는 수업이었죠.

당시 디멘트는 수면에 대한 획기적인 연구를 하고 있었어요. 그의 수업을 몇 번 청강했는데, 내용이 훌륭하더군요. 그를 찾아가 제 심리학I 수업에서 강의해 달라고 부탁했습니다. 하지만 거절당했어요. 그때까지만 해도 디멘트는 소규모 토론식으로 진행하는 수업 방식을 선호했거든요. 굴하지 않고 다시 부탁했죠. 드디어 그의 마음이 움직였어요. 제 수업에 와서 여러 이야기를 들려주었고 그 자신도 즐거워했죠. 그 후로는 대규모 강연에 완전히 빠져버리더군요. 그렇게 해서 스탠퍼드의 고전이 된 디멘트의 '수면과 꿈'이 대규모 강의로 탄생했습니다.

생물학자 로버트 새폴스키에게서도 큰 영향을 받았어요. 새폴스키는 아모스 트버스키와 겨눌 정도로 비범한 인물입니다. 그래서 학생들과 그의 수업을 종종 듣곤 했어요. 그의 말을 듣고 있으면 '와, 정말 대단한 사람이다'라는 생각이 절로 들었죠.

새폴스키는 차원이 다른 사람입니다. 지금까지 만난 사람 가운데 가장 명석한 인물이에요. 혹시 2017년 새폴스키가 출간한《행동: 인간의 최고와 최악의 생물학Behave: The Biology of Humans at Our Best and Worst》을 읽어 봤나요? 정말 훌륭한 책입니다.

평화를 위한 반전운동

베트남전쟁에 반대했죠? 그때 이야기를 들려주세요.

스탠퍼드대학교에 오기 직전인 1967년 사랑의 여름Summer of Love, 1967년 히피들이 샌프란시스코에 대거 몰려든 사회적 현상-옮긴이이 있었죠. 다음 해까지 그 분위기가 이어졌습니다.

이런 영향으로 마약에 손대는 학생이 많았어요. 기숙사에서 주최하는 요리 경연대회가 있었는데, 마리화나를 넣은 브라우니, 즉 마리화나를 넣은 디저트 만드는 것으로 대회가 끝나곤 했죠.

아이들의 옷차림도 허술하기 그지없었습니다. 약간 허름해 보일 정도로 대충 입고 다녔어요. 사회적 분위기가 그랬습니다. 전반적으로 자유롭고 호의적인 분위기였죠. 베트남전쟁의 어둔 그림자를 제외하면 말이에요.

그 전쟁은 정말 끔찍했어요. 다들 비도덕적이고 불법적인 전쟁

임을 알고 있었습니다. 나중에 일어난 이라크전쟁도 마찬가지였죠. 1967년 전까지 저는 정치에 아무 관심이 없는 사람이었습니다. 뉴욕대 졸업식에서 국방부 장관 로버트 맥너마라에게 명예 학위를 수여하는 것을 반대하기 위해 시위를 주도한 경험이 정치에 눈을 뜨게 해주었죠. 베트남전쟁 설계자에게 명예 학위를 수여한다는 게 말이 안 되잖아요.

그리고 1970년대 초반 베트남전쟁이 악화되기 시작했습니다. 전국의 대학생들이 이와 관련된 시위를 시작했고, 그 영향으로 대학들도 문을 닫았어요. 교수진과 학생들이 뜻을 모아 스탠퍼드 연구소 앞에서 피켓을 들었습니다. 수천 명의 학생을 모아서 전쟁 채권 매각 등 긍정적인 반전 활동을 주도하기도 했죠.

전쟁에 찬성하는 후보가 아닌 평화를 지지하는 후보에게 표를 던져야 한다는 사실을 알리기 위해 예일대 교수 에이벌슨과 《평화를 위한 선거 운동Canvassing for Peace》도 썼어요.

실전 사회심리학이라는 새로운 강의도 개설했죠. 교도소 실험이 그 수업에서 나왔습니다. 절반은 제가 직접 수업을 하고, 나머지 절반은 학생들이 매주 10가지 주제 중 하나를 골라 발표하는 식으로 수업이 진행되었죠. '정신병원에 들어가면 어떻게 되는가?' '노인 요양 시설이나 교도소에 들어가면 어떻게 되는가?' 정말 흥미진진한 수업이었습니다.

스탠퍼드를 졸업하면 좋은 직장에 취직할 수 있던 시절이 분명 있었거든요. 최고는 아니더라도 확실히 좋은 직장에 입사할 수 있었죠. 하지만 심각한 경제 위기가 상황을 바꿔놓았어요. 스탠퍼드 학위만으로는 충분치 않게 된 거예요. 이런 상황에서는 경제적·정치적으로 보수적인 성향을 띨 수밖에 없어요. 미래가 불확실한 학생들은 더욱 그렇죠. 한마디로 새로운 도전과 모험에 대한 의지가 약해졌다는 이야기예요.

스탠퍼드에 처음 왔을 때는 그곳에 있는 모두가 도전을 두려워하지 않았어요. 우리가 반전운동에 참여한 이유도 바로 그 때문이죠. 당시 유행했던 음악을 떠올려보세요. 대중음악에서도 도전 정신을 엿볼 수 있죠. 무엇이든지 할 수 있다는 믿음이 충만한 시절이었습니다.

행복한 기억이나 가장 자랑스러운 일은 무엇인가요?

저는 가정적인 사람입니다. 가족을 중요시하는 것은 시칠리아인의 전통이기도 하죠. 아이들에게도 가족의 중요성, 가족에 대한 충성에 대해 말합니다. 직계 가족뿐 아니라 일가 친척도 잊지 말아야 한다고 강조하죠.

우리 가족의 삶을 변화시킨 일이 두 가지 있습니다. 첫 번째는 1972년 롬바드의 구불구불한 거리 중간쯤에 자리한 집을 구매한 일이죠. 지금 살고 있는 집이에요. 차고와 정원, 멋진 전망을 갖춘 4층짜리 타운하우스인데 집값이 비싸서 가족과 친구에게 많은 돈을 빌려야 했죠.

두 번째는 아내 크리스티나의 가족과 시랜치Sea Ranch에 있는 작은 땅을 산 일입니다. 당시 90세였던 크리스티나의 조모님이 인생의 마지막을 바닷가에서 보내고 싶다면서 우리에게 건축비를 주셨어요.

우리는 '해변의 산책'이라고 불리는 그곳에 아름다운 집을 지었습니다. 이름 그대로 집에서 해변까지 걸어갈 수 있죠. UC버클리대학교 교무처장이었던 장인어른이 친구이자 유명한 건축가 조셉 에셔릭Joseph Esherick을 그 집의 건축가로 추천했죠.

에셔릭은 독특한 집을 디자인해주었습니다. 온 가족이 자주 그 집을 찾곤 해요. 명절에는 가족 전체가 모이고, 주말이나 평일에 따로 찾기도 하죠. 자연으로의 멋진 도피라고나 할까요.

그 집에서 책도 몇 권 썼습니다. 무엇으로부터 방해받지 않고 하염없이 글만 쓰기 좋은 곳이죠. 《심리학과 삶》도 그곳에서 썼는데 당시만 해도 펜으로 직접 원고를 썼어요. 정말이지 수백 장을 썼습니다. 종이에 무언가를 휘갈겨 써놓으면 비서가 해독해서 타자로 쳤죠. 비서가 작성한 문서를 제가 손으로 수정하면 비서는 다시 최종 버전을 타자로 쳤습니다.

더는 안 되겠는지 비서가 은퇴하면서 타자를 배우라고 하더군요. 프로그램을 이용해 연습하니 신기하게도 금방 잘 치게 되었습니다. 타자를 너무 많이 쳐서 손목터널증후군이 생겼어요. 관련 수술을 3번이나 받았을 정도죠. 요즘은 음성 인식 어플인 드래곤 딕테이션Dragon dictation을 주로 사용해요. 이 기술이 저를 살려주었습니다!

마지막으로 헤아려봤을 때 제가 쓴 책만 60권이 넘었습니다. 일반 논문과 학술 논문도 500편 이상 발표했고요. 8판부터 맡은 《심리학과 삶》은 3년마다 개정 작업을 진행했는데, 19판 이후 그만두었어요. 공동 집필한 중급 심리학 입문서 《심리학: 핵심 개념Psychology: Core Concepts》은 8판까지 작업했죠.

그렇다고 집필을 완전히 멈춘 건 아니에요. 지금도 《사이콜로지 투데이》와 이탈리아, 폴란드 잡지에 매달 한 편씩 기고하고 있으니까요.

평범한 사람이 영웅이 되어야 하는 이유

연구 프로젝트나 출판한 논문 가운데 가장 자랑스러운 것은 무엇인가요?

〈수줍음이라는 사회적 질병〉이라는 짧은 논문이 기억에 남습니다. 《사이콜로지 투데이》에 기고한 논문이죠. 당시 잡지 표지도 인상 깊게 남아 있습니다. 우선 표지에 대해 설명해 볼게요.

칵테일 파티에 참석한 한 남성이 벌거벗고 서 있는데, 아무도 그를 쳐다보지 않아요. 수줍음이 많은 그는 자신이 나체로 서 있음에도 알아주지 않자 괴로워합니다. 그 표지와 글을 본 독자가 많은 편지를 보내왔어요. 대부분 '저 좀 도와주세요!'라는 문장으로 시작하는 내용이었죠. 거기서 힘을 얻어 정말로 그런 사람을 돕게 되었습니다.

마지막 질문입니다. 사람들이 교수님을 어떤 사람으로 기억하기를 바라나요? 어떤 유산을 남기고 싶은가요?

어려운 질문이네요. 묘비에 어떤 글을 새기고 싶은가….

스탠퍼드 교도소 실험을 한 연구자로 남아도 괜찮나요?

아니요. 저는 다른 유산으로 기억되고 싶습니다. 교도소 실험은 제 이미지를 고착화시켰죠. 손과 발을 묶는 것도 모자라 재갈까지 물렸습니다. 부다페스트에 갔을 때의 일이에요. 택시를 탔는데 기사님이 "무슨 일을 하세요?"라고 묻더군요. "심리학자입니다"라고 대답했더니 또다시 묻습니다.

"미국에서 했다는 연구에 대해 들어 보았나요? 아이들을 교도소에 가두었다고 하더라고요."

그 말에 이렇게 대답할 수밖에 없었어요.

"네, 아주 잘 알고 있습니다!"

사실이 그렇잖아요. 이게 스탠퍼드 교도소 실험의 저주예요. 실제로 일어난 도시 괴담 같아요. 학생들은 말합니다.

"교수님의 실험 덕분에 심리학을 전공하게 되었어요."

"어떤 실험이요?"

"당연히 교도소 실험이죠."

스탠퍼드 교도소 실험은 앞으로도 계속 사람들의 입에 오르내릴 겁니다. 사회심리학에서 행해진 가장 극적인 실험이기 때문이죠. 무자퍼 셰리프의 '로버스 동굴 연구'와 맞먹습니다. 스탠퍼드 교도소 실험은 매시간, 매일, 인간의 인격이 실제로 변화한다는 것을 보여주죠.

그럼에도 사람들에게 스탠퍼드 교도소 실험의 이미지는 부정적이기만 합니다. 선량한 사람이 얼마나 악하게 변할 수 있는지를 보여주는 실험일 뿐이죠. 《루시퍼 이펙트》의 맨 마지막에 이르러서야 저는 정반대의 주장을 내놓았습니다. 특별한 사람이 아니라 평범한 사람이 영웅이 된다고 말이에요.

제 묘비에 '그는 스탠퍼드 교도소 실험의 감독관이었다'라는 글이 새겨지지 않았으면 합니다. 대신 '그는 사람들을 마음의 감옥에서 해방시켜 주었다'라고 새겨지면 좋겠군요.

그게 좋겠어요?

네, 커다란 묘비에 이렇게 새겨지면 좋겠습니다. '그는 수줍음과 무지, 자기합리화의 감옥에서 사람들을 해방시켰다. 그 과정을 즐겼으며, 많은 이에게 평범한 사람이 영웅이 되어야 하는 이유와 동기를 불어넣었다'.

부록

스탠퍼드 교도소 실험에 쏟아진 비판에 답하다

1971년 스탠퍼드 교도소 실험의 진위와 가치에 대한 의문이 제기되었다. 이 실험을 '사기'와 '거짓말'이라고 주장하는 비판자가 종종 있는데, 그 어떤 비판도 이 실험의 결론을 바꾸는 실질적 증거를 제시하지 못하고 있음을 확실히 밝혀둔다.

스탠퍼드 교도소 실험은 사회적 역할과 외적 압력의 영향력을 과소평가해선 안 된다고 설득하고 있다. 누구든 그런 상황에 놓일 수 있음을 경고한 것이다. 개인은 자신의 행동이 초래하는 결과에 대해 개인적·사회적·법적으로 책임을 져야 한다. 어떤 행동의 동기가 이해된다고 해서 결과에 대한 책임이 사라지는 건 아니다. 외부적 상황의 힘에 몰려 그릇된 판단을 내릴 수밖에 없었다고 해도 우리는 그 책임에서 결코 자유로울 수 없다.

그럼에도 일부 비판자는 여전히 이 실험에 대해 많은 오해를 하고 있다. 그들은 이 실험이 "도덕적으로 비난받을 행동에 대해 개인에게 책임을 물을 수 없다(Blum, 2018)"라는 메시지를 전달한다고 주장한다. 2018년 르 텍시에Le Texier도 "이 실험은 마치 '세상에, 나도 나치가 될 수 있구나. 스스로를 좋은 사람이라고 생각했는데, 나도 괴물이 될 수 있구나'라고 생각하게 만든다. 이런 깨달음은 사람들을 안심시킨다. 괴물이 되더라도 나 자신이 아니라 상황이 그렇게 만든 것이기 때문이다"라고 하면서 비판에 동참했다.

수십 년 전 나치 의사를 비롯해 전범자들이 뉘른베르크재판에서 비슷한 주장을 했다. 그들은 자신의 주장대로 '단지 맡은 일을 한 것'에 불과하지만 그럼에도 자신이 저지른 잔혹 행위에 대한 책임을 져야 했다. 필자 역시 같은 생각이다. 이에 스탠퍼드 교도소 실험에 담긴 기본 메시지가 "사람들이 저지른 죄에 대해 면제부를 준다"라는 비판을 강력히 거부한다.

개인 또는 집단의 바람직하지 않은 행동을 바꾸거나 막으려면 그들에게 주어진 상황을 면밀히 살펴볼 필요가 있다. 상황적 장점과 단점이 무엇인지, 환경적 취약점이 무엇인지, 어떤 미덕을 갖췄는지 등을 이해해야 하는 것이다. 상황과 시스템이 개인의 행동에 끼치는 영향력을 이해하려는 과정은 부도덕하고 불법적이고 악한 행동에 대한 개인의 책임을 회피하고자 함이 아니다. 필자는 늘 인간의 선한 본성을 이끌어내는 환경과 시스템 조성을 지지해 왔다.

배경

그동안 스탠퍼드대학교와 애크런대학교 심리학 박물관 기록보관소를 통해 스탠퍼드 교도소 실험과 관련된 모든 문서와 정보가 공개되도록 많은 노력을 기울였다. 40여 개가 넘는 상자에는 수감자와 교도관에 대한 정보, 각종 관찰 자료, 연구진의 보고서, 실험 기간과 이후 수집한 일기, 12시간 분량의 비디오가 포함되어 있다. 뿐만 아니다. 스탠퍼드 교도소 실험 웹사이트에서도 실험과 관련한 상당량의 자료를 공개하고 있다.

일부 비판자는 새로운 정보를 찾을 때마다 필자가 정보를 숨겨놓은 것처럼 말한다. 하지만 이 실험은 공개 기록보관소와 데이터 공유 관행이 보편화되기 이전부터 전반 과정을 공유한 공개적 과학 모델이다.

또한 비판자들은 현대 심리학에서 필자의 위치가 스탠퍼드 교도소 실험에서 비롯되었다고 주장한다. 하지만 이는 사실이 아니다. 필자의 평판은 이 실험 전후에 이루어진 수많은 연구와 논문 그리고 새로운 이론을 기반으로 하고 있다.

교도소 실험을 실행한 1971년에는 이미 스탠퍼드에서 종신재직권을 받은 교수였고, 대표적인 심리학 기본 교재인 《심리학과 삶》(제12판 이상)과 《심리학: 핵심 개념》의 집필 요청을 받은 상황이었다. 이는 뉴욕대학교에 재직할 때 진행한 연구 활동의 결과 덕분이다.

이후 TV 시리즈 〈심리학의 발견〉의 기획자와 내레이터로 선정되었다. 26부작인 이 시리즈는 전 세계에 있는 수백만 명의 학생과 교사가 시청했다. 심리학계에서 필자의 위치는 이런 활동의 비중이 더 컸다고 본다. 저술한 60여 권의 책과 600여 개의 출판물을 보면 알 수 있듯, 지금까지 40여 개 이상의 심리학 분야에 기여했다.

마지막으로 스탠퍼드 교도소 실험의 경험과 성찰에서 나온 예상치 못한 부산물을 설명하는 것으로 이 글을 마무리하고자 한다.

주요 비판

스탠퍼드 교도소 실험에 대한 여섯 가지 주요 비판은 다음과 같다.

1. 연구에 참여했던 한 사람이 이 실험에 결함이 있으며, 정직하지 못한 실험이었다고 공개적으로 비난했다.

작가이자 컴퓨터공학자 벤 블룸Ben Bloom은 이 연구가 거짓이라고 말한다. 그는 스탠퍼드 교도소 실험의 자문위원 칼로 프리스콧이 2005년 학생 신문인 《스탠퍼드 데일리》에 실은 것으로 알려진 〈스탠퍼드 교도소 실험의 거짓말〉이라는 제목의 글을 인용해 비판했다. 실제로 블룸이 쓴 칼럼의 핵심 주제도 이 기사 제목에서 빌려왔다.

그러나 칼로 프리스콧은 그런 글을 쓴 적이 없다. 《스탠퍼드 데일리》의 기사를 주의 깊게 읽어 보면, 글을 작성한 사람이 법률에 대해 상당한 지식을 가졌음을 알 수 있다. 이는 전혀 칼로답지 못한 글이다. 게다가 그 글을 쓴 사람은 칼로가 아니라 영화 시나리오 작가인

마이클 라자루Michael Lazarou로 밝혀졌다. 그는 이전부터 온갖 매체를 통해 스탠퍼드 교도소 실험에 대해 부정적인 글을 꾸준히 게재해 온 인물이다.

과거에 그는 이 실험의 할리우드 영화 제작 판권을 얻기 위해 우리와 친분을 쌓았다. 하지만 필자는 그가 아닌 매버릭영화사 제작자인 브렌트 에머리Brent Emery에게 판권을 넘겼다. 이후 라자루는 스탠퍼드 교도소 실험을 비판하는 글을 쓰기 시작했다(브렌트 에머리의 통화 기록: "칼로는 그 글을 쓴 것이 자신이 아니라 라자루라고 말했다", 2005년 5월 7일). 결과적으로 "스탠퍼드 교도소 실험의 자문위원이 거짓된 실험이다"라고 이야기했다는 것은 사실이 아니다.

2. 연구진이 교도관들에게 '강하게' 행동하라고 지시했는데, 이는 교도관의 행동과 연구 결과를 왜곡하게 만들었다.

이 실험은 당시 미국 교도소 시스템을 기반으로 설계되었다. 따라서 스탠퍼드 교도소 교도관 역시 미국 교도소 교도관처럼 내부 질서를 유지할 것, 수감자의 반란과 탈출 시도를 막기 위해 권력을 행사할 것 등을 집중적으로 교육받았다.

필자는 교도관들에게 수감자에 대해 폭력을 행사할 수 없지만 지루함, 좌절감, 두려움, 무기력함 등의 감정을 느끼게 할 수는 있다고 말했다. 이는 곧 교도관은 전적으로 상황의 힘을 가지게 되지만 수감자는 그럴 수 없다는 뜻이다. 연구진은 모든 교도관에게 상황에 적극적으로 개입해 수감자를 통제하라고 했지만 잔인하게 행동하라는 지시를 내린 적은 없다. 물리적 힘의 사용도 명시적으로 금지했다. 참고로 이와 관련된 내용은 교도관을 위한 오리엔테이션 녹음 자료에 자세히 기록되어 있다.

연구진이 교도관 역할을 맡은 학생들에게 "단호하고 적극적으로 개입하라"고 말한 것은 사실이다. 하지만 이는 실제 교도소장 또는 군대 고위관리직이 가하는 압력에 비하면 가벼운 수준에 불과하다. 실제 교도관은 자신의 업무에 적극적으로 참여하지 않을 경우 징계 청문회에 회부되거나 강등 또는 해고될 수 있다.

실험 첫날 교대 근무 중 일어난 일이다. 교도관 3명 가운데 한 명이 교대를 위해 수감자의 숫자를 파악해야 했다. 그 교도관은 남은 수감자에게 다른 교도관의 명령을 따르라는 이야기조차 하지 않고 자리를 이탈했다. 이를 본 데이비드 제페(교도소장 역할)가 그를 불러 실험 환경이 실제 교도소처럼 보일 수 있도록 좀 더 적극적으로 역할에 참여할 것을 요구했다.

"우리는 좀 더 '강한 교도관'이 될 필요가 있어. 단호한 태도를 갖추고 상황에 적극적으로 개입해줬으면 좋겠다는 말이야. 이는 실험 운용 방식에 있어 정말 중요한 요소거든. 진짜 교도소처럼 보이게 하는 게 이 실험의 목적인데, 그건 결국 교도관이 어떻게 행동하느냐에 따라 결정된다고 생각해."

데이비드 제페의 이런 요청에도 불구하고 교도관들은 고압적으로 행동하지 않았다. 변화가 시작된 것은 실험 이틀째 되는 날이었다. 2명의 죄수가 교도관 전원에게 반발하면서 언어적·물리적으로 저항했기 때문이다. 반란을 진압하는 과정에서 한 교도관은 '죄수들이 위험하다'라고 판단했다. 상황을 보는 시각이 달라진 몇몇 교도관도 이전과 달리 강하게 행동하기 시작했다.

필자는 스탠퍼드 교도소 실험에 대한 보고서를 작성할 때마다 교도관들의 '개인적 차이'를 강조했다. 실험에서 교도관은 3명이 한 조를 이루었는데, 그들 가운데 2명은 시간이 지나면서 좀 더 고약해졌고, 나머지는 한 명은 기존과 같은 침착함을 유지했다.

"연구진이 교도관들에게 '강하게' 행동하라고 지시해 교도관의 행동과 연구 결과를 왜곡하게 만들었다"라는 일부 비판은 사실이 아니다. 실험이 끝날 때까지 교도관 가운데 몇몇은 여전히 착한 교도관으로 남아 있었다.

하지만 아이러니하게도 착한 교도관 가운데 그 누구도 동료 교도관의 잔혹한 행동을 막지 않았다. 이 실험에 비판적인 블룸마저도 교도관의 개인적 차이를 인정하고 있다.

교도관은 연구진의 지시가 아니라 개인적 판단에 따라 행동했다. 이 실험의 극적 효과를 초래한 것은 바로 그들의 극단적 행동이었다. 그중에서도 특히 '존 웨인'이라는 별명이 붙은 교도관의 행동에서 비롯된 영향이 컸다.

3. 한 교도관이 의도적으로 자신의 역할을 연기했다.

야간 근무조 가운데 서부 카우보이 같은 행동을 보인 교도관이 한 명 있었다. 수감자들은 그를 존 웨인이라고 불렀다.

실험이 끝난 뒤 존 웨인(데이비드 에셸먼David Eshelman)은 영화 〈폭력탈옥〉에 나오는 교도소장을 모델로 삼아 연기했다고 설명했다. 그 누구보다 현실적인 교도관이 되고 싶었다는 것이다.

그는 자신의 말대로 직접 야간 근무조의 우두머리로 나서 수감자들을 엄하게 다루었다. 시간이 지날수록 그는 좀 더 창조적으로 악랄해졌고, 어느 순간 강한 교도관의 수준을 넘어섰다. 나중에 그는 자신이 수감자들을 마음대로 다룰 수 있는 '조종자'라고 생각하기 시작했다고 고백했다.

실험 5일째 되던 날 밤, 그는 수감자들을 '암컷 낙타'와 '수컷 낙타'로 구분했다. 그리고 수컷 낙타 역할을 맡은 사람에게 암컷 낙타의 역할을 맡은 사람의 몸 위로 "개처럼 올라타라"고 명령했다. 어쩔 수 없이 수감자들은 그가 시키는 대로 남색 행위를 흉내 냈다. 실험에서 배정받은 역할을 극단적으로 왜곡한 결과 일반인으로서는 상상조차 할 수 없는 방법을 생각해낸 것이다.

필자가 자리에 없는 동안 촬영된 비디오를 보면 이 일이 거의 10분 동안 지속되었음을 알 수 있다. 야간 근무조의 교도관 3명은 모두 수감자에게 거친 욕설을 내뱉고 그들의 모습을 보며 미친 듯이 웃어 댔다.

실험을 종료하기로 결정한 바로 그날 밤에 일어난 일이다.

두말할 필요도 없이 이는 '강한 교도관 역할'을 넘어선 행동이었다. 그런데 여기서 우리가 눈여겨볼 점이 하나 있다. 존 웨인의 동료 교도관들 역시 수감자들에게 굴욕감을 주는 행위에 적극 가담했다는 사실이다. 그들은 이 사건뿐 아니라 일상화된 다른 불쾌한 행동에도 적극 동참했다. 그리고 이는 아부그라이브교도소에서 미국인 교도관이 이라크 포로에게 강요한 성적 모욕 행동과 놀랄 정도로 닮았다.

야간 근무조만 수감자에게 잔혹 행위를 한 것은 아니다. 다른 근무조의 교도관들도 종종 수감자에게 모욕감을 주기 위한 행동을 했다.

블룸을 비롯한 비판자들의 주장처럼 이런 잔혹 행위(실제 교도소에서 벌어지는 잔혹 행위와 유사한 정도)는 기만적인 '가짜 실험'의 사회적 요구 기능에 지나지 않는가, 아니면 인간 본성에 대해 중요한 무언가를 말하고 있는가? 공개된 모든 증거는 명백하게 후자임을 암시한다.

4. 신경쇠약을 일으킨 죄수가 있는데, 그는 실제로 신경쇠약에 걸린 게 아니라 실험을 그만두기 위해 거짓말한 것이다.

벤 블룸이 이런 결론을 내린 이유는 수감자 가운데 한 명이었던 더그 코피Doug Korpi의 인터뷰 때문이다. 코피는 블룸과의 인터뷰 도중 "나는 거짓 연기를 했다. 테이프를 들어 보면 내 목소리에서 티가 날 것이다. 좋은 피고용인이 되려고 한 것이다. 아주 좋은 시간이었다"라고 말한다. 이와 관련된 비판에 대해 두 가지 답을 하고 싶다.

첫째, 모든 연구자는 피험자가 신경쇠약을 일으킨다고 생각되면 이를 사실로 취급할 윤리적 의무가 있다. 가짜로 판명되더라도 말이다. 둘째, 코피의 신경쇠약이 진짜였다고 믿는 것은 나 혼자만이 아니다.

코피 자신도 〈조용한 분노Quiet Rage〉를 통해 다음과 같이 말했다.

"살면서 그렇게 혼란스러웠던 적은 처음이다. 당시 상황은 물론 내 감정까지 그 무엇도 통제할 수 없는 경험을 했다. 온화한 스탠퍼드 교도소였음에도 교도관들은 가학적 태도를 보였고, 이윽고 수감자들이 히스테리를 일으키도록 만들었다."

지난 47년 동안 코피의 이야기는 알 수 없는 이유로 몇 번이나 바뀌었다. '감정을 통제하지 못했다' '다른 수감자들을 해방시키기기 위해 그랬다' '얼마 남지 않은 대학원 진학 시험공부를 하려고 신경쇠약을 일으킨 척했다' 등 수많은 기억의 왜곡을 드러내고 있다.

5. 영국의 한 연구팀이 스탠퍼드 교도소 실험을 증명하려고 했지만 실패했다.

필자가 2002년 5월 BBC TV에서 스탠퍼드 교도소 실험을 기반으로 한 4부작 TV 프로그램의 방영을 반대한 것은 사실이다(Koppel & Mirsky, 2002). 반대한 이유는 분명하다.

방송국은 '대학이 진행하는 사회과학 실험, TV 방송 예정'이라는 문구로 광고를 내보내고 참가자들을 모집했다. 이렇게 되면 피험자들은 자신의 말과 행동이 전국 TV에 방영된다는 사실을 알고 실험에 참가하게 된다. 게다가 영국 연구팀은 스탠퍼드 교도소 실험의 교도관과 수감자 사이에 심화된 감정적 대립과 유사성을 희석시켰다. 연구진이 너무 자주 실험에 개입한 것도 문제다. 매일 시청자들에게 교도소를 보여주고 심리 평가를 실시하는 것도 모자라 모범수가 되면 수감자가 아닌 교도관으로 위치가 바뀔 수 있다면서 피험자들을 경쟁시킨 것이다. 그리고 여느 TV 리얼리티 프로그램이 그런 것처럼 참가자들은 매일 '고해소'에 앉아 카메라를 바라보면서 자신의 심정을 이야기했다.

아이러니하게도 이 프로그램의 결과는 '상황의 힘'을 보여주는 추가적 증거로 해석될 수 있다. 교도소가 아닌 '리얼리티 TV'의 상황이라는 점이 다르지만 말이다.

6. 학계에서 거부당할까 봐

처음에 실험 내용을 검토 저널이 아닌 다른 곳에 실었다.

일부 비판자는 필자가 학계에서 거부당할 것이 두려워 초기 보고서를 검토 저널이 아닌 다른 곳에서 출판했다고 주장한다. 이는 사실이 아니다. 연구진이 관련 자료를 《해군 연구 리뷰Naval Research Reviews》에 처음 공개한 이유는 따로 있다. 필자가 ONROffice of Naval Research, 해군연구소의 이전 지원금에서 남은 돈을 연구비로 사용했고, ONR이 실험 결과를 그 저널에 실으라고 요구했기 때문이다. 그 후 편집자의 요청으로 관련 내용을 《국제 범죄학과 형벌학 저널International Journal of Criminology and Penology》에서 출판했다.

1973년 스탠퍼드 교도소 실험 내용을 《뉴욕타임스》에 실었는데, 이 역시 검토를 피하기 위해서가 아니라 독자에게 접근하기 용이한 기회를 활용하고자 한 것이다. 이후 엄격한 검토가 이루어지는《미국 심리학자American Psychologist》등 학술지와 책에 스탠퍼드 교도소 실험에 대한 기사와 챕터를 발표했다.

결론

어떤 결함이 있더라도 필자는 스탠퍼드 교도소 실험이 인간의 행동과 그 복잡한 역학을 이해하는 데 도움이 된다고 믿는다.

내적·외적·역사적·동시대적·문화적·개인적 요인 등 여러 가지 상황의 힘은 인간의 행동에 다양한 영향을 끼친다. 이런 역학과 그 복잡한 상호작용에 대한 이해가 커질수록 인간의 바람직한 본성을 널리 알리는 데 도움이 될 것이다. 이것은 필자의 사명이기도 하다.

참고문헌

- B.Blum, "The lifespan of a lie", *Medium*, 2018년 6월 7일. https://gen.medium.com/thelifespan-of-a-lie-d869212b1f62

- C. Haney, W.C. Banks., P.G. Zimbardo, "Interpersonal dynamics in a simulated prison", *International Journal of Criminology and Penology, 1*, 1973, pp. 69-97.

- C. Haney, W.C. Banks, P.G. Zimbardo, "Study of prisoners and guards in a simulated prison", *Naval Research Reviews, 9*, 1973(Washington, DC: Office of Naval Research), pp. 1-17.

- G. Koppel, N. Mirsky(시리즈 PD와 총괄 PD), *The Experiment*, London: BBC (2002년 5월 14, 15, 20, 21일).

- T. Le Texier, "Debunking the Stanford Prison Experiment", *American Psychologist*, 74(7), 2018, pp. 823-839. https://doi.org/10.1037/amp0000401

- C. Prescott, "The lie of the Stanford Prison Experiment", in *The Stanford Daily*, 2015년 4월 28일, p. 4.

- P.G. Zimbardo(각본·제작) & K. Musen(공동 각본·공동 제작), *Quiet Rage: The Stanford Prison Study* (Stanford, CA: Stanford Instructional Television Network, 1989).

- P.G. Zimbardo, W.C. Haney, W.C. Banks, & D. Jaffe, "The mind is a formidable jailer: A Pirandellian prison", *The New York Times Magazine*, Section 6, 1973년 4월 8일, pp. 38ff.

시간관과 우리의 삶

- *Psicologia contemporanea*, 260, 2017년 3~4월호

인간은 어떤 결정을 내릴 때 상황, 감정, 타인의 행동과 말에 영향을 받을 수밖에 없다. 과거 또는 비슷한 상황에 대한 기억에 집중하느라 현실적이고 즉각적인 맥락을 무시하기도 한다. 반대로 현재 행동에 따른 결과와 위험, 득실을 따져볼 때도 있다. 이처럼 주요 시간관은 완전히 다른 경로로 우리의 행동을 이끌어낸다.

시간관 치료TPT, Time Perspective Therapy는 과거와 현재를 바라보는 시각을 이해하는 데 도움을 준다. 그리고 어떤 시간관이 우리 삶을 방해하는지 깨닫게 해준다.

여섯 가지 주요 시간관

1. '과거 긍정적 시간관'을 가진 사람은 '좋았던 과거'에 초점을 맞추고 있다. 이들은 전통적인 명절과 기념품, 사진 등을 보관하는 것을 즐

긴다. 학창 시절의 친구 관계가 현재까지 이어지는 경우가 많다.

2. '과거 부정적 시간관'을 가진 사람은 '잘못된 것'에 초점을 맞추고 있다. 이들은 후회와 비난으로 가득 찬 세상에 살고 있으며, 늘 비관적 시선으로 삶을 바라본다. 이 시간관을 가진 사람 가운데 상당수는 자신의 관점을 '진짜 현실'이라고 믿는다. 그래서 스스로를 현실주의자라고 생각하는 경향이 높다.

3. '현재 쾌락적 시간관'을 가진 사람은 즐거움과 새로움을 추구하면서 지금 이 순간을 살아간다. 이들은 고통을 피하기 위해 쾌락을 추구하는데, 종종 '중독'에 노출되기도 한다.

4. '현재 숙명론적 시간관'을 가진 사람은 인생의 궤도가 미리 정해져 있다고 생각한다. 정해진 운명대로 살아야 하기에 주도적으로 할 수 있는 일이 거의 없다. 이 시간관은 주로 종교적 영향에서 비롯되지만, 극히 어려운 물질적, 경제적 상황에 대한 현실적 평가에서 비롯되기도 한다.

5. '미래 지향적 시간관'을 가진 사람은 생각이 많다. 늘 심사숙고한 뒤 결정을 내리고 미래를 계획한다. 극단적인 경우 성취를 즐기지 못하는 일 중독자가 될 수도 있다. 하지만 이들 가운데 대부분은 자신이 세운 목표에 도달하고 별다른 문제 없이 살아간다.

6. 마지막으로 '초월적 미래 지향적 시간관'을 가진 사람은 현재보다 죽음 이후의 삶을 더 중요하게 여긴다. 사후세계가 더 중요하므로 현재의 삶을 등한시하는 경향이 있다.

두 가지 목표

시간관 치료의 목표는 두 가지다. 현재 자신이 가진 삶의 태도를 알려주고 균형 잡힌 시간관을 갖도록 도와주는 것이다. 과거 부정적 시간관(이미 일어난 불쾌한 일을 계속 생각함), 현재 숙명론적 시간관(형편없다고 생각하는 삶 가운데 갇힌 느낌), 현재 쾌락적 시간관(미래를 희생하며 끊임없이 쾌락을 추구함), 극단적인 미래 지향적 시간관(앞으로 해야 할 일을 생각하느라 현재를 즐기지 못함) 등 부정적 시간관이 지배적인 사람이라면 균형 잡히지 못한 시간관을 가진 것이다.

후배의 공을 인정해주지 않는 바쁜 직장 상사, 불만 가득한 고객, 길에서 구걸하는 노숙자, 거들먹거리는 10대 청소년 등은 시간관의 균형이 깨졌음에도 이를 알아차리지 못하는 사람들이다.

이들에게 시간관 치료를 실행하면 삶의 균형이 맞춰지고 주변이 안정된다. 자신은 물론이고 타인에 대한 이해도가 높아져서 삶을 있는 그대로 즐길 수 있게 된다. 이 치료법의 구체적 효과는 어려운 상황을 다루는 능력이 개선된다는 데 있다. 그렇다면 남은 문제는 하나다. '불균형을 이룬 시간관에 어떻게 개입할 수 있는가?' 하는 것이다.

과거 부정적 시간관: 과거 부정적 시간관을 가진 사람은 충격적인 사건을 경험했을 가능성이 높다. 시간관의 균형을 잡으려면 트라우마를 몰아내고 긍정적인 과거에 집중할 필요가 있다. 부정적 기억에 새로운 기억을 심어 미래 지향적 시간관의 토대를 쌓아야 한다.

현재 숙명론적 시간관: 자신의 삶을 통제할 수 없다고 생각하는 사람 역시 과거 부정적 경험을 했을 가능성이 높다. 무엇보다 이들은 즐거움을 느끼기가 어렵다. 즐거운 활동에 빠지는 법을 배우도록 많은 기회를 주어야 한다. 현재에 계속 머무르되 쾌락주의 쪽으로 좀 더 기울어져야 한다는 뜻이다.

극단적인 미래 지향적 시간관: 목표를 성취하기 위한 계획과 노력에 집중하느라 현재를 즐길 시간이 없다고 생각하는 사람이다. 이들은 가족이나 친구들과 시간을 보내고 취미 활동을 즐기는 방법을 배워야만 기울어진 시간관의 균형을 맞출 수 있다.

긍정적 효과

시간관이 균형을 이룰 경우 고통스러운 과거를 편안하게 받아들일 수 있게 된다. 단절되었던 사람과 다시 연결될 수 있으며, 부정적으로만 그리던 미래를 긍정적으로 설계할 수 있다.

필자와 릭 소드, 로즈 소드는 시간관 연구를 통해 PTSD가 있는 많은 참전용사를 도울 수 있었다.

인종차별과 색소,
동물·식물 등에 자연 상태로 존재하는 색의 힘

- "Why does pigment dominate pride in our shared humanity?" at www.heroicimagination.org, 12 June 2020

'조지 플로이드George Floyd 사망 사건'은 전 세계에 엄청난 반향을 불러일으켰다(2020년 5월 25일, 위조지폐 사용 신고를 받고 출동한 미니애폴리스 경찰국 소속 경찰관 데릭 쇼빈Derek Chauvin이 용의자 조지 플로이드를 체포하는 과정에서 8분 46초 동안 무릎으로 목을 눌러 사망하게 한 사건. 경찰의 과잉 진압과 인종차별에 대한 항의 시위가 미국 전역에서 일어나고 전 세계적으로 퍼져 나가는 계기가 되었음-편집자). 이런 현상을 '색소의 힘Pigment Power'이라는 역사적 맥락에서 설명하고자 한다.

색소가 인간의 자부심을 지배하는 이유는 무엇일까

왜 피부색이 중요한가?

왜 눈동자의 색깔이 중요한가?

왜 머리카락의 색깔이 중요한가?

피부, 눈, 머리카락의 색깔은 사람마다 다르게 나타나는 외적 특징일 뿐이다. 혹시 이 중에서 지성, 도덕성, 연민 또는 인간의 공통적 본성에 대한 경이와 기쁨보다 더 중요한 것이 있는가?

이런 질문은 인간의 핵심인 내적 존재와 물리적 요소라는 외적 존재를 대비시킨다. 문제는 후자가 우리의 가치를 대표하는 이미지로 잘못 사용되고 있다는 점이다. 키, 몸무게, 코의 크기, 머리카락의 색깔이 그토록 중요한 이유가 무엇인가?

아돌프 히틀러Adolf Hitler는 사람의 얼굴과 신체적 특징을 중요시했다. 그래서 파란 눈과 작은 코, 금발을 가진 사람으로 이루어진 완벽한 아리아인 국가 독일을 꿈꿨다. 나치는 이런 외적 특징을 가진 아리아인을 우월한 인종으로 보고, 그 외 사람은 열등한 민족으로 분류했다. 아리아인에게 열등한 사람들을 지배하고 파괴할 권리가 있다고 여긴 것이다. 나치는 대중을 선동하고 나치즘을 교육하기 위해 어둔 피부와 큰 코를 가진 유대인과 대조를 이루는 아리아인 소년을 모집해 '히틀러 청소년단'을 만들었다. 이미지를 시각화한 것이다. 그리고 이들을 앞세워 열등한 민족은 자신들이 무찔러야 할 적으로 선전했다.

1968년 4월 4일: 테네시주 멤피스에서 마틴 루터 킹 목사가 한 백인이 쏜 총에 살해되었다. 이 사건을 계기로 미국 전역에서 대규모 시위가 일어났는데, 시카고 시장 존 P. 데일리John P. Daley는 시위대를 향해 '사살 명령'을 내렸다.

1968년 4월 5일: 아이오와주에 있는 라이스빌Riceville은 백인과 기독교 신자로 이루어진 작은 농촌 마을이다. 이곳에 사는 초등학교 3학년 교사 제인 엘리엇Jane Elliott은 당시 '형제애'에 대한 수업을 준비하고 있었다. 그녀는 원래 북미 원주민에 초점을 맞춘 수업을 생각했지만, 마틴 루터 킹 목사의 죽음에 담긴 의미를 되새기고자 수업 내용을 바꾸기로 결정했다.

제인 엘리엇은 어떻게 해야 28명의 학생이 '임의적 차별의 힘'을 직접 경험할 수 있을지 고민했다. 그리고 차별의 힘을 설명하기 위한 수단으로 눈동자 색깔을 선택했다.

그녀는 아이들에게 눈동자가 갈색인 사람이 파란색인 사람보다 열등하다고 말한 뒤 그 차이를 입증하는 수많은 사례를 제시했다. 그리고 파란색 눈동자를 가진 학생들에게 갈색 눈동자를 가진 학생들의 옷깃에 일련의 표식을 달도록 했다. 두 그룹을 구별하기 쉽게 만든 것이다. 갈색 눈동자를 가진 학생들은 교실 뒤쪽에 있는 책상에 앉아야 했고, 자신들보다 우월한 파란 눈의 학생들이 점심을 다 먹고 나서야 비로소 점심식사를 할 수 있었다.

아이들은 오랜 시간을 함께 보낸 이웃이자 친구였다. 그런데 표식을 달아준 뒤로 파란색 눈동자를 가진 아이들은 갈색 눈동자를 가진 '열등한 친구들'에게 적대적으로 변했다. 비난을 퍼붓는 것은 물론 사사건건 대립하며 그들을 학대했다. 갈색 눈동자를 가진 한 여학생은 눈물을 흘리며 "내 인생에서 가장 끔찍한 날이었다"라고 말했을 정도다.

다음 날 아침, 갈색 눈동자를 가진 학생들에게 좋은 소식이 들려왔다. 엘리엇 선생님이 어제 실수가 있었다면서 수업 내용을 반대로 뒤집은 것이다. 과연 갈색 눈동자를 가진 학생들은 파란색 눈동자를 가진 친구들에게 아량을 베풀었을까? 바로 전날 자신들이 당한 괴로움을 떠올리면서 말이다. 천만의 말씀!

임의적 차별은 즉각적으로 그 추악한 모습을 드러냈다. 갈색 눈동자를 가진 학생들은 열등한 존재가 된 파란색 눈동자를 가진 학생들에게 "네 눈동자 색깔이 그러니까 벌을 받아야 해"라고 말하면서 분노어린 학대를 행사한 것이다.

이런 임의적 차별은 모든 영역에서 너무나 쉽고 빠르게 퍼져 나가고 있다. 2020년 현재는 더욱 심각한 상황이다. 이 편견 실험을 다룬 다큐멘터리 〈분열된 교실A Class Divided〉은 PBS.org에서 감상할 수 있다(https://www.pbs.org/wgbh/pages//frontline/shows/divided/).

제인 엘리엇은 다양한 배경과 직업을 가진 사람과 함께 '차별의식의 감시자'라는 새로운 경력을 쌓았다. 그녀는 혀를 구부릴 수 있는 사람과 그렇지 못 사람 등의 임의적인 신체적 특징을 토대로 차별이 상식을 얼마나 쉽고 빠르게 지배할 수 있는지를 보여줬다.

조지 오웰의 소설 《1984》가 미국 최대 집단 자살 사건에 미친 영향

- *Peace and Conflict: Journal of Peace Psychology* 26(1), 2020, pp. 4-8.
https://doi.org/10.1037/pac0000428

사회적 중요성

조지 오웰George Orwell의 소설 《1984》는 국가가 세뇌를 통해 모든 시민을 지배한다는 내용을 담고 있다. 사이비 목사 짐 존스Jim jones는 그 전술을 직접 실행에 옮겼고, 인민사원 추종자들을 지배한 뒤 결국에는 파멸시키고 말았다. 1978년 11월 18일 1,000여 명에 이르는 짐 존스의 헌신적 추종자가 '교회'의 다른 신도들에게 살해당하거나 아버지이자 신, 악마인 짐 존스에 대한 충성심을 증명하기 위해 자살한 것이다. 이것이 바로 미국 역사상 최대 집단 자살을 일으킨 '인민사원Peoples Temple 사건'이다.

40년의 시간이 흘렀지만 짐 존스는 여전히 수수께끼 같은 인물로 남아 있다. 운명의 날, 그곳에서 무슨 일이 일어났는지 정확히 알 수는 없다. 하지만 어떻게 해서 그런 일이 일어난 것인지 우리는 알아야 한다. 그래야만 또다시 이런 비극을 반복하지 않을 수 있다.

확실한 사실 하나는 현재 전 세계 지도자들도 존스의 전략과 전술을 실행하고 있다는 점이다. 러시아의 블라디미르 푸틴, 브라질의 자이르 보우소나루, 헝가리의 빅토르 오르반, 터키의 레제프 타이이프 에르도안, 필리핀의 로드리고 두테르테, 북한의 김정은, 미국의 도널드 트럼프 등 우리는 너무나 쉽게 권위주의적이고 포퓰리즘적인 독재자를 발견할 수 있다. 이들은 저마다 다른 배경에서 다른 집단을 통치하지만 조지 오웰과 짐 존스의 '마인드컨트롤 기법'을 사용한다는 공통점을 가지고 있다.

한 가지 예로 도널드 트럼프 대통령이 실행한 미디어 조정법에 대해 생각해 보자. 우선 그는 전통적 매체에서 제공하는 진실을 '가짜 뉴스'라고 반박한다. 그러고는 자신의 조작과 환상으로 그 진실을 대신한다. 그가 선택한 매체 트위터는 트럼프 자신의 개인적 착각을 명백한 사실로 투영할 수 있게 해준다. 그의 소셜 플랫폼을 구독하는 수백만 명의 추종자는 트럼프의 터무니없는 주장을 진실로 믿고 행동으로 옮기고 있다(Hassan, 2019).

파괴적인 지도자는 너무나 쉽게 집단 내 갈등의 씨앗을 뿌릴 수 있다. 지도자가 사람들을 첩보와 감시로 통제하거나, 지도자를 가까이서 접할 수 있는 특권이 일부 추종자에게만 주어지는 경우 더욱 그렇다. 질투는 추종자들 사이에서 편집증을 불러일으키기 때문이다. 뿐만 아니라 추종자들은 더 큰 권력을 얻거나 지도자와 가까워지기 위해 서로에게 등을 돌릴 수도 있다. 어떤 지도자는 이런 갈등 상황을 의도적으로 조장하기도 한다. 구성원을 강력하게 통제하고 자신에게 저항하는 세력이 만들어지는 것을 미연에 방지하기 위해서다.

파괴적인 지도자가 가진 영향력은 막강하다. 한 가지 예로 리더가 특정 집단이나 사람을 '나쁘다' '악하다'라고 묘사하거나 '결함을 가진 외부인'으로 표현하는 경우 구성원들은 그들에 대해 기존에 없던 편견과 차별 의식을 갖게 된다. 노골적으로 폭력을 행사할 수도 있다. 파괴적인 지도자는 이런 식으로 추종자뿐 아니라 더 많은 사람, 더 넓은 세상에 대해 적대감을 불러일으키기도 한다.

존스의 설교자 오웰

이 논문의 초점은 인민사원의 지도자 짐 존스가 사용한 '마인드컨트롤 전략·전술'과 조지 오웰이 쓴 소설《1984》와의 유사성을 강조하는데 있다.

우리는 짐 존스가《1984》에서 마인드컨트롤 전략을 배웠다고 주장한다. 실제 존스가 샌프란시스코와 가이아나의 정글에 있는 집단 거주 공동체에서 추종자들을 지배하기 위해 사용한 절차와《1984》사이에는 흥미로운 유사점이 있다(Zimbardo, 1983). 그는 소설에 나오는 상상력 넘치는 기술의 유용성을 자신의 추종자들에게 실험했고, 그 결과 1,000명이 넘는 사람의 생각과 삶을 통제하는 '시스템'을 만들 수 있었던 것이다(Sullivan & Zimbardo, 1979).

이 분석은 최근 데비 레이턴Debby Layton과 나누었던 인민사원과 짐 존스에 대한 토론으로 더 심화되었다. 데비는 존스의 양녀인 수잔과 결혼생활을 했을 정도로 존스와 가까운 사이였다. 하지만 그는 결국 존스타운을 떠났고 그곳에서 일어났던 악행을 세상에 알리기 시작했다(Layton, 1998; Yee and Layton, 1982).

존스가 오웰의 소설에 빠져 있었다는 사실을 구체적으로 드러낸 사람이 바로 데비 레이턴이다. 그는 이렇게 말했다(개인적으로 나눈 대화, 샌프란시스코, 2000년 12월 6일).

"짐은 항상 《1984》에 대해 이야기했습니다. 존스타운에서 다이앤이 〈1984〉를 노래할 때 짐이 '맞아, 맞아' 하면서 따라 부르는 영상도 있어요. '조심해야 해. 그들이 우릴 잡으러 오고 있어. 그들이 우리를 죽일 거야' 같은 구절을 따라 불렀죠."

존스의 기억력은 놀라울 정도로 뛰어났고 권력과 리더십, 인종, 성별과 관련된 다양한 주제의 책을 많이 읽었다고 한다. 더불어 존스의 사상은 흑인 메시아 지도자 파더 디바인Father Divine의 영향을 받은 것으로 알려졌다(Morris, 2019).

데비는 한때 존스의 후계자였던 마이크 카트멜Mike Cartmell이 가진 긴밀한 정보를 활용해 분석을 강화했다. 짐 존스의 친아들 스티븐 존스Stephan Jones, 대학살 당일 조지타운에 있었음도 귀중한 내부 정보를 추가해 주었다. 이 세 사람이 제공한 새로운 통찰과 정보로 우리는 짐 존스가 조지 오웰에게서 배운 마인드컨트롤 전술을 인민사원에 이용했다는 주장의 토대를 한 단계 진전시킬 수 있었다(Galanter, 1999; Hassan,

1988; Scheflin & Opton, 1978; Schrage, 1978; Weightman, 1983; U.S. Congress, 1979).

짐 존스는 진짜 《1984》를 읽었을까? 그의 친아들 스티븐 존스가 내게 보낸 전자 메시지를 보면 그 대답을 알 수 있다(허락을 받고 공개함, 2000년 3월 10일).

"짐작대로 아버지는 《1984》를 읽었습니다. 그리고 우리를 겁에 질리게 하려고 자주 그 이야기를 꺼냈습니다. 어쩌면 그가 날짜에 일종의 예언적 의미를 부여했을지도 모른다고 생각해요. 홀로코스트나 파시스트의 지배 같은 거요. 존스타운의 대표적 가수였던 다이앤 윌커슨Diane Wilkerson, 존스타운에서 사망함이 만들고 부른 〈1984〉라는 노래도 있었습니다."

존스의 마인드컨트롤 전술과 《1984》의 여덟 가지 유사점

1. '블랙 화이트'의 왜곡과 현실의 뉴스피크Newspeak, 정치 선전용의 모호하고 기만적인 표현

왜곡은 모두 존스의 큰 거짓말에 반영된다: 현실 증거를 의미 없게 만드는 진실 왜곡

존스는 과거뿐 아니라 현실도 왜곡했다. '현실'과 '현재'가 추종자들의 인식 가운데 존재했기 때문이다. 신도들은 혹사당하고 학대받으면서도 '아버지'를 떠올리며 늘 '감사'해야만 했다.

실제로 그들은 24시간 감시를 받는 정글의 강제수용소에 포로로 붙잡혀 있으면서도 아버지에게 '자유와 해방'에 대해 감사했다. 음식이 끔찍하고 턱없이 부족함에도 맛있는 음식이 넘쳐난다고, 폭염에 시달리면서도 날씨 좋은 곳에 있다고, 모기떼에 피를 뜯기면서도 벌레가 없다고, 무엇보다 극도의 우울증과 공포를 느끼면서 행복하다고 거짓 편지를 써서 고향에 있는 가족에게 보냈다. 사실은 정반대의 상황임에도 아버지가 자신들을 너무 사랑해 좋은 음식과 좋은 집, 좋은 일자리를 주었다고 하면서 감사의 기도를 올렸다.

존스는 존스타운에 질병과 죽음이 없다고 주장했다. 하지만 그는 질병과 죽음을 통제할 수 없었고, 병에 걸려 사망하는 신도들의 시체를 처리해야만 했다. 존스는 추종자들에게 복종하지 않으면 앞으로 상황이 더 나빠질 수밖에 없다는 암시를 주기 위해 〈밤과 안개〉 같은 나치 공포영화를 보여주었다.

존스타운에서의 마지막 시간이 담긴 녹음테이프를 재생하면 그가 신도들에게 일명 '약'이라고 부르는 청산가리를 마시라고 간청하는 것을 들을 수 있다. 그는 "나는 너희에게 거짓말을 한 적이 없다"라고 하면서 수백 명의 아이가 경련을 일으키며 죽어가는 와중에도 "아프지 않을 것이다. 두려워하지 않아도 된다"라고 말했다.

여담이지만 존스는 《1984》에 나오는 여러 부서를 모방했다. 진실 왜곡을 담당하는 '진리부', 정부의 민감한 업무를 수행하는 '평화부' 등이 바로 그것이다. 한 가지 예로 평화부는 특정 정치인의 자료를 수

집해 인민사원의 목표와 요구를 달성하기 위해 활용했다. 만약 정치인이 자신들에게 비협조적이거나 우호적이지 않으면 미리 수집한 자료를 언론 등에 공개하기도 했다.

2. 빅브라더Big Brother가 지켜보고 있다: 모든 생각에 침투하는 빅브라더

빅브라더는 《1984》에 등장하는 '감시자'다. 빅브라더는 정보를 독점해 사회를 통제·관리하는 권력 또는 그런 사회 체계를 일컫는다. 최근 실리콘밸리에서 24시간 시간 제한이 없는 기술 서비스를 시작했다. 이 역시 짐 존스가 썼던 전략 가운데 하나다. 존스타운에서 그는 밤낮을 가리지 않고 설교와 연설뿐 아니라 정부와 탈퇴자 등 적에 대한 맹공격을 방송으로 내보냈다.[1)]

《1984》에서는 텔레스크린으로 시민을 감시했지만 존스는 중앙 부속 건물에서 확성기를 사용해 추종자들에게 음성 메시지를 내보냈다. 추종자들은 일할 때뿐 아니라 먹고 잘 때도 그의 웅변을 들어야만 했다.

북한의 지도자 김정은도 이와 비슷한 방식을 쓴다. 북한 주민들의 집에는 국영방송 채널만 나오는 텔레비전과 정부에서 제공한 라디오가 있다. 이 채널은 절대 변경할 수 없고 음량만 작게 줄일 수 있다.

---

1) 더 많은 자료가 필요한 사람은 NPR 테이프(참고문헌) 참조. 저작권이 명시되지 않은 테이프와 요약본, 원본 문서 등은 무료로 이용할 수 있다. 존스타운연구소, http://jonestown.sdsu.edu.

3. 스파이 네트워크Spy Network: 정보원 시스템

존스는 힘든 노동과 형편없는 배급, 배우자와의 강제 분리에 대해 불평하는 신도를 고발하는 충직한 정보원에게 보상을 해주었다. 반면 자신의 체제에 반대하는 사람은 공개적으로 처벌했다. 사람들 사이에 첩자를 심어놓고 동조하도록 만들기도 했다. 작게는 불평불만, 크게는 탈출 계획에 가담하게 만든 뒤 배반자들에게 응징을 가했다.

이런 첩보 시스템은 존스타운이 가이아나로 이주하기 전 캘리포니아에서부터 시작되었다. 그는 보안부대를 결성해 신도들의 집을 수시로 침입했으며, 신도들의 집에서 나온 쓰레기를 뒤지고 전화를 도청하는 일도 서슴지 않았다. 반대로 자신에게 정보를 제공하는 사람에게는 크고 작은 보상을 내렸다.

4. 저항과 반란의 힘을 약하게 만드는 방법: 식량 박탈

존스타운에서 나오는 음식은 양이 적고 맛도 없었으며 무엇보다 단백질이 절대적으로 부족했다. 귀리죽과 적은 양의 과일, 채소가 주된 식단으로 고기나 생선은 아예 제공되지 않았다.

존스는 식단에 대해 불평하는 사람에게 "뚱뚱한 것보다 날씬한 것이 좋다. 이는 자본주의적 가치를 거부하는 과정이다"라고 꾸짖었다. 사람들이 굶주림에 허덕이는 동안 존스는 수백만 달러를 스위스나 파나마 등지의 비밀 은행 계좌로 보냈다. 전체 신도를 배불리 먹일 수 있는 큰돈이 있었음에도 의도적으로 그러지 않았던 것이다.

5. 성범죄: 존스는 결혼한 부부를 서로 다른 숙소에 분리시켜 놓고 자신이 허락한 날에만 관계를 맺도록 함

존스는 일부 남성이 자신에게 부적절한 동성애 성향을 보인다면서 그들을 공개적으로 비난하고 조롱과 처벌을 가했다. 여성 역시 자신에게 성을 선물로 줄 것을 강요한다고 꾸짖었다. 하지만 강압적 행위자는 신도가 아닌 바로 그 자신이었다.

'강력한 성욕과 지치지 않는 정력을 가진 슈퍼맨'이라는 이미지도 다름 아닌 그 자신이 만들어낸 것이다. 그는 섹스가 추종자들 사이에서 강력한 유대감을 만든다는 사실을 잘 알고 있었다. 그래서 자신의 권위로 이를 통제하고 제한하고 지배했다.

6. 자기분석: 자기 자신에 대해 쓰기, 자기 처벌

자기분석은 오웰과 존스의 마인드컨트롤 전략의 핵심이다. 《1984》에서 그렇듯 존스 역시 모든 구성원에게 자기분석을 시켰다. 구성원 모두에게 자신의 실수, 약점, 두려움, 잘못 등을 서면으로 작성하게 했다. 잘못을 저지른 신도가 있으면 회의에서 이 문서를 공개해 굴욕감을 안겨주고 육체적 고문을 가했다. 아무리 충실한 신도라도 언제든 자기 처벌이 가능하도록 만든 것이다.

7. 《1984》에 나오는 심리 분석과 전쟁의 심리학이 존스타운에 효과적으로 활용되다: 존스타운의 후반기와 마지막 날에 명백하게 드러남

다음은《1984》중 일부다.

"마치 포위된 도시 같은 분위기다. (…) 실제 전쟁 여부는 상관없다. 전쟁 상태가 존재해야만 할 뿐이다. 불가피하게 붙잡힌다면 그전에 자살하는 것이 옳다."

존스 역시 신도들에게 '하얀 밤White Night'이라는 타이틀로 집단 자살을 위한 예행연습을 시켰다. 존스타운에 입소한 가족을 돌려보내 달라는 사람들의 항의 때문에 언제 미군이 들이닥쳐도 이상하지 않은 상황이었기 때문이다. 그는 늘 신도들에게 "혁명적 자살이 무자비한 적들에게 학살당하는 것보다 낫다"라고 설파했다. 인민사원 신도들의 행동을 마사다전투에서 포위당한 이스라엘 민족이 내린 선택과 비교하기도 했다(National Public Radio, 1981; Nugent, 1979; Reiterman & Jacobs, 1982; Reston, 1981).

인민사원 집단 자살 사건의 총 사망자는 909명이다. 이 중에서 몇 명이 스스로 청산가리를 먹었고, 몇 명이 독극물을 주입당했는지는 밝혀지지 않았다. 이보다 더 중요한 사실은 살인자가 죽은 사람의 친구이자 가족이라는 점이다. 수십 년 전 나치 독일이 그랬던 것처럼, 1960년대 중반 스탠리 밀그램의 심리학 실험에서 나타난 것처럼 '부당한 권위에 대한 맹목적인 복종'은 1978년 11월 운명의 그날에 인민사원 신도들을 지배했다(Blass, 2000; Milgram, 1974).

8. 존스타운에도 《1984》에 등장하는 101호 같은 고문실이 있었다: 파란색 눈의 괴물, 빅풋

《1984》의 주인공 윈스턴 스미스는 101호실로 보내졌을 때야 비로소 저항의 의지가 꺾이고 만다. 그가 고백한 공포가 현실화되어 쥐가 온몸을 뛰어다니는 최악의 상황을 맞이했기 때문이다. 존스는 소설의 이 부분을 정확하게 모방했다. 신도들에게 각자 두려워하는 것을 상세히 기록하게 한 뒤, 명령에 불복종하거나 회의에 늦거나 끝도 없는 연설을 듣다가 조는 사람이 있으면 그 사람이 생각하는 최악의 공포와 마주하도록 만들었다.

《1984》의 국가 시스템도, 소련의 공산주의도 만들어내지 못했던 맹신자를 존스는 어떤 방법으로 만들어냈을까?

존스는 개인과 유대 관계를 맺는 능력이 뛰어났다. 실제로 많은 인민사원 신도가 "사람들과 함께 존스의 설교를 듣고 있는데도 그가 내게 개인적으로 말하는 것처럼 느껴졌다"라고 말했다. 한때 존스의 후계자였던 마이크 카트멜도 비슷한 이야기를 했다.

"그에게는 아주 사적인 고민과 두려움을 풀어놓게 하는 탁월한 재능이 있었다. 사제나 개인 상담사 같았다. 이야기를 나누는 상대방이 주인공인 것처럼 느끼게 해주고, 어떤 식으로든 특별한 존재라는 생각이 들게 만들었다. 그가 내어준 단 5분으로 사람들은 그에게 목숨을 바쳤다."

그래서 신도들은 고달픈 상황임에도 "아버지는 날 사랑해"라고 믿었다. 아버지의 사랑을 받으려면 나쁜 나 자신에 대해 회개해야 한다고 생각했다.

진 밀스Jeanne Mills는 1979년 회고록 《신과 함께한 6년Six Years with God》을 통해 어린 딸이 '파란색 눈의 괴물'에게 겪은 고통을 묘사했다.

"그들은 나를 어둔 방으로 데려갔는데 사방에 괴물이 있었다. 그들은 '파란색 눈의 괴물이 곧 널 잡아먹을 거다'라고 말했다. 얼마 지나지 않아 괴물은 내 셔츠를 잡아 찢었다."

"밀스는 '존스가 파란색 눈의 괴물을 어린아이들의 행동 수정을 위한 수단으로 활용한다'라는 말을 듣고 아이들이 전기 고문을 받는다는 사실을 알아차렸다."[2)]

"데비 레이턴이 우리에게 '빅풋'에 대한 이야기를 들려주었다. 그것은 '파란색 눈의 괴물' 대신 생긴 체벌이었다. 그녀는 '여기서 45분 걸어가면 깊은 우물이 있다'라는 말로 이야기를 시작했다. '우리 카운슬러는 존스가 아이들을 데려오기 전 우물 안에 들어가 앉아 있어. 그가 훈육을 위해 아이들을 우물 속으로 던지거든. 그가 아이에게 빅풋을 만나야 한다고 말하는 순간 아이들은 미친 듯이 울기 시작해. 카운슬러는 아이가 우물로 던져질 때까지 그 끔찍한 울음소리를 듣고 있을 뿐이야. 다시 우물 위로 올라간 아이들은 그를 붙잡고 용서해 달라고 울며 매달

2) 진 밀스의 이야기는 인민사원의 탄생과 짐 존스의 파괴적인 힘을 알려주는 귀중한 자료다. 1979년 그녀를 스탠퍼드대학교 마인드컨트롤 수업에 초빙했다. 당시 밀스는 존스의 비도덕적이고 불법적이고 사악한 전술을 폭로한 뒤 목숨이 위태로워졌다고 말했다. 슬프게도 밀스와 그녀의 남편 그리고 아들은 캘리포니아주 버클리 자택에서 살해당했다. 범인은 끝내 잡히지 않았다.

렸어. 너무 끔찍한 일이야. 그리고 청소년들은 매운 고추를 먹거나 항문에 고추를 끼워 넣는 벌을 받기도 했어.'"

결론

오웰은 전체주의 국가(스탈린이 지배하던 소련)가 사회 정의에 입각한 국가들에 끼치는 위험성을 경고한 자신의 작품이 가이아나 정글에서 실제로 벌어졌다는 사실이 달갑지 않을 것이다. 일본, 캐나다, 스위스, 미국, 우간다 등 수많은 국가에서 파괴적인 광신도 지도자들이 등장해 개인의 자유 의지와 비판적 사고를 지배하고 독립성을 억누르고 있는 현실 역시 안타까워할 것이다.

그럼에도 짐 존스는 복종 훈련, 자기 처벌, 이중사고, 현실 통제, 감정 통제, 성 통제, 감시, 고문, 식량 박탈 등《1984》에 나오는 통제 방식을 활용해 신도들의 행동 수정을 완성하고자 했다. 그는 신도들에게 암시를 걸어 '적을 죽이도록 세뇌당한 암살자'처럼 만들었다. 삐뚤어진 마인드컨트롤 실험에 성공한 것이다. 여기에서 적은 다름 아닌 아이들, 부모, 친구, 심지어는 자기 자신이었다!

짐 존스는 여전히 수수께끼로 남아 있는 인물이다. 믿을 수 없을 정도로 사악하고 파괴적인 일을 벌인 악마의 화신이었지만, 맹신자에게는 지구상의 아버지이자 하나님으로 추앙과 사랑을 한 몸에 받았다.

샌프란시스코 인민사원에서 이루어진 존스의 설교는 전설로 남아 있다. 이 연설 하나로 지미 카터 대통령의 부인 로잘린 카터를 비롯한 유명 인사들을 대거 끌어들였기 때문이다. 샌프란시스코 시장 조지 모스콘George Moscone 역시 그중 한 명이었다. 그는 금문교자살방지운동이나 낙태반대운동 같은 행사에 수많은 사람을 불러 모으는 존스의 능력에 감탄했다. 그래서 존스를 샌프란시스코주택위원회 회장으로 임명했다. 내부자들은 이 사건에 주목한다. 이것이 바로 존스가 지역 정치계에서 부상한 계기라고 생각하기 때문이다.

이후 샌프란시스코 보도 기자들은 존스의 추악한 면에 대해 많은 정보를 찾아냈다(Kilduff & Javers, 1978; Kilduff & Tracy, 1977). 존스의 교회에서 탈퇴한 사람들도 그의 학대와 불법 행위를 고발했다. 이 과정에서 그들은 존스가 미국의 사법권이 닿지 않는 안전한 지역으로 신도들을 데리고 이동하려는 계획을 세웠다고 말하기도 했다.

존스는 어떻게 1,000여 명이나 되는 미국 시민을 남미 사회주의 국가 가이아나로 이주시켰을까? 어떻게 무기를 그곳으로 운송하고, 외국 은행에 수백만 달러를 송금했을까?

이 사건이 있고 나서 짐 존스가 CIA의 비밀 요원이었다는 소문이 돌았다. CIA가 정말 존스의 마인드컨트롤 실험을 사주하고 도왔던 걸까? 이 주장을 뒷받침할 증거를 확인하고 싶다면 마이어Meiers(1989)가 작성한 '존스타운은 CIA의 의학 실험을 위한 것이었나'를 참고하기 바란다.

시기적절한 연관성

우리는 지금까지 오웰의 적과 존스의 적을 살펴보았다. 그 적은 다름 아닌 바로 우리 자신이다! 그들처럼 추락하지 않으려면 과거에서 교훈을 얻어야 한다. 폭정의 신호를 발견하면 저항하고 통신과 교육 등 사회 시스템을 통제할 수 있는 이들의 정치적 수사와 의미론적 왜곡을 가려낼 만한 힘을 키워야 한다.

많은 국가의 정부 형태가 민주주의에서 소수에게 권력이 집중되는 독재정권으로 바뀌고 있다. 폭군과 독재자는 인간의 본성을 비하하고 유대감을 손상시킨다. 이처럼 일부 엘리트 계급이 지배력을 행사하는 상황에서는 새로운 영웅이 필요할 수밖에 없다. 여기서 영웅은 불의에 기꺼이 저항하고 행동하는 평범한 사람을 말한다.

우리는 안전보다 자유를 중요시하는 사람, 부당한 권위에 맹목적으로 복종하기보다 자유를 위해 기꺼이 목숨을 내놓는 사람과 뿌리가 튼튼한 공동체를 세워 빅브라더에 대항해야 한다. 이를 위해서는 그 무엇보다 고결한 공동의 목표를 선택할 필요가 있다. 그것은 바로 악에 저항하고 선함을 장려하고 지혜로운 행동을 실천하는 '평범한 영웅'이 되는 것이다(Zimbardo, 1970, 2007, 2018).

참고문헌

- T. Blass (ed.), *Obedience to authority: Current perspectives on the Milgram paradigm* (Mahwah, NJ: Erlbaum, 2000).

- M. Galanter, *Cults: Faith, healing, and coercion* (2nd ed.) (New York, NY: Oxford Press, 1999).

- S. Hassan, *Combating cult mind control* (Rochester, VT: Park St. Press, 1988).

- S. Hassan, *The cult of Trump: A leading cult expert explains how the president uses mind control* (New York, NY: Simon and Shuster, 2019).

- M. Kilduff and R. Javers, *The suicide cult: The Temple sect and the massacre in Guyana* (New York, NY: Bantam Books, 1978).

- M. Kilduff and P. Tracy, "Inside Peoples Temple", *New West* 30 (August 1977), pp. 30-38.

- D. Layton, *Seductive poison: A Jonestown survivor's story of life and death in the Peoples Temple* (New York, NY: Anchor Books, 1998).

- M. Meiers, "Was Jonestown a CIA medical experiment? A review of the evidence", *Studies in American Religion* Vol. 35 (Lewiston, NY: Edwin Mellen Press, 1989).

- S. Milgram, *Obedience to Authority* (New York, NY: Harper & Row, 1974).

- J. Mills, *My six years with God: Life inside Reverend Jim Jones's Peoples Temple* (New York, NY: A&W Press, 1989).

- A. Morris, *American messiahs* (New York, NY: Liveright, 2019).
- National Public Radio, *Father cares: The last of Jonestown* (2-volume set of audiotapes), (Washington, DC: National Public Radio Station, 1981).
- J.P. Nugent, *White night: The untold story of what happened before and beyond Jonestown* (New York, NY: Rawson, Wade, 1979).
- G. Orwell, *1984* (New York, NY: Harcourt Publishers, 1949).
- T. Reiterman and J. Jacobs, *Raven: The untold story of Rev. Jim Jones and his people* (New York, NY: Dutton, 1982).
- J. Reston Jr., *Our father who art in hell* (New York, NY: Times Books, 1981).
- A.W. Scheflin and E.M. Opton Jr., *The mind manipulators: A non-fiction account* (New York, NY: Paddington Press, 1978).
- P. Schrage, *Mind control* (New York, NY: Delta, 1978).
- D. Sullivan and P.G. Zimbardo, "Jonestown survivors tell their story", *Los Angeles Times*, View section, Part 4, March 9, 1979, pp. 1, 10-12.
- U.S. Congress, *The assassination of Representative Leo J. Ryan and the Jonestown, Guyana Tragedy* (Washington, DC: U.S. Government Printing Office, 1979).
- J.M. Weightman, *Making sense of Jonestown suicides: A sociological history of Peoples Temple* (New York, NY: Edwin Mellen, 1983).
- M.S. Yee and T.N. Layton, *In my father's house: The story of the Layton family and*

the Reverend Jim Jones (New York, NY: Holt, Rinehart, & Winston, 1982).

- P.G. Zimbardo, "The human choice: Individuation, reason, and order versus deindividuation, impulse, and chaos" in *1969 Nebraska symposium on motivation* Vol.27, eds. W.J. Arnold and D. Levine (Lincoln, NE: University of Nebraska Press, 1970), pp. 237-307.

- P.G. Zimbardo, "Mind control: Political fiction and psychological reality" in *Nineteen Eighty-Four*, ed. P. Stansky, (Stanford, CA: The Portable Stanford, 1983), pp. 197-221.

- P.G. Zimbardo, *The Lucifer Effect: Understanding how good people turn evil* (New York, NY: Random House, 2007).

- P.G. Zimbardo, "Exploring human nature and inspiring heroic social action" in *Diversity in unity perspectives from psychology and behavioral sciences*, eds. A. Ariyanto, H. Muluk, P. Newcombe, F. Piercy, E. Poerwandari, S. Hartati, and R. Suradijono (London, England: Routledge, 2018), pp. 1-7.

시민의 미덕, 도덕적 헌신, 평범한 영웅주의

- *Psicologia contemporanea*, 262, 2017년 7~8월

남녀노소에 상관없이 시민의 미덕을 높이고 영웅주의를 고취시키는 10단계는 다음과 같다.

1. 사람들에게 실수와 판단 착오를 인정하도록 장려한다. 자신의 실수를 기꺼이 인정한다면 실수를 합리화시킬 필요성이 줄어든다. 그리고 이는 잘못되거나 부도덕한 행동을 지지할 가능성을 감소시킨다.

2. 마음 챙김을 장려한다. 인간이라면 누구나 자동적 사고에서 벗어나 눈앞의 상황을 객관적으로 돌아볼 필요가 있다. 행동하기 전에 먼저 생각하는 것이다. 이는 피해야 할 상황에 처했을 때 아무 생각 없이 그곳으로 걸어 들어가는 것을 막아준다.

3. 자신의 행동에 대한 책임의식을 고취한다. 행여 책임이 분산되더

라도 개인의 책임이 완전히 사라지는 것은 아니다. 그저 상황에 숨겨져 있을 뿐이라는 사실을 우리 모두 알아야 한다.

4. 거짓말, 험담, 뒷말, 놀림, 오만 등 사소한 잘못이라도 결코 가볍게 생각하지 않는다. 작고 소소한 것이라도 이런 행동은 더 나쁜 행동을 불러오는 첫걸음이 된다.

5. 존경과 순종을 보여야 하는 정의로운 권위와 결코 복종해선 안 되는 부당한 권위를 구분한다.

6. 부모는 아이들이 어린 시절부터 비판적 사고를 하도록 키운다. 아이들에게 각 주장을 뒷받침하는 증거와 자세한 설명을 제시함으로써 마음을 현혹시키는 미사여구와 현실적 결론을 구분할 줄 아는 인간으로 성장시킨다.

7. 도덕적 행동에 대한 사회적 모델에는 확실한 보상을 한다. 올바른 행동은 공개적으로 칭찬하고, 반대로 부정부패나 마피아형 범죄에 대해서는 거리낌 없이 잘못을 지적한다.

8. 인간의 다양성을 존중하고 개인의 존엄성과 개별성을 인정한다. 이는 타인에 대한 폄하와 편견, 차별로 이어지는 자기 집단 편애를 줄이기 위해 반드시 필요한 정서다.

9. 사회 구성원은 그 누구라도 자신이 특별한 존재라고 느낄 수 있어야 한다. 이들이 자존감과 자긍심을 고취하도록 사회는 환경을 변화시킬 필요가 있다.

10. 집단의 규범이 무조건 옳은 것은 아니다. 우리는 규범과 권위에 따른 무조건적 순응이 오히려 역효과를 초래하는 경우를 수없이 목격했다. 집단 행위보다 독립성이 우선시되어야 하는 이유다.

참고문헌

• P.G. Zimbardo, *The Lucifer Effect: Understanding How Good People Tun Evil* (New York: Random House, 2017).

복종의 거미줄

- 필립 짐바르도 & 피에로 보키아로Piero Bocchiaro

Psicologia contemporanea 264, 2017년 11~12월

사회 시스템이 존재하려면 규칙과 규범, 이를 따르는 사람이 필요하다. 문제는 '복종의 거미줄'이다. 이 거미줄에 걸린 사람은 권위를 가진 인물이 비도덕적 행동을 요구해도 '거절'할 생각을 하지 못한다. 복종이 비난받아 마땅한 행동을 불러오는 것이다.

이와 관련된 유명한 심리 실험이 있다. 1961년 스탠리 밀그램이 예일대학교에서 진행한 '권위에 대한 복종Obedience to Authority'이 바로 그것이다. 본격적인 실행에 앞서 연구진은 피험자들에게 "이 실험은 처벌이 학습에 미치는 영향을 알아보는 것이다"라고 설명했다. 그 결과 피험자의 65퍼센트가 연구진의 지시에 따라 다른 피험자(실제로는 연기자)에게 연속으로 전기 충격(피험자는 진짜 전기 충격기라고 생각했지만 이는 가짜였음)을 가했다.

우리는 이 실험에 제기된 윤리적 문제나 밀그램이 복종을 장려하기 위해 고안한 미묘한 절차를 살펴보려는 게 아니다. 다만 비도덕적임

에도 권위자의 요청을 쉽게 거부하지 못하는 사람들의 심리에 주목하고자 한다.

우리는 인간성의 힘을 믿는다. 인간성은 어려운 상황에서도 올바른 결정을 내리도록 인도하는 희미한 불빛과도 같기 때문이다. 실제로 복종과 관련된 여러 실험 결과를 보면, 소수에 불과하지만 권위에 불복종하는 사람이 분명 있다. 우리는 그들을 주목해야 한다. 도대체 무엇이 그들을 권위에 복종하지 않도록 만들었을까?

그 차이를 알아보기 위해 우리는 팔레르모대학교에서 한 가지 실험을 진행했다(Bocchiaro & Zimbardo, 2017). 피험자들에게 주어진 과제는 매우 단순했다. 실험에 필요한 자원봉사자를 모집하는 광고 문구를 작성하는 게 전부였다.

표면적으로는 아무런 문제가 없어 보이는 상황이다. 그런데 연구 내용을 보면 상황이 달라진다. 기니피그를 대상으로 감각 박탈 실험을 진행하고 있는데, 이것이 기니피그에게 환각과 공황 발작을 일으킬 수도 있다는 내용의 광고 문구를 작성해야 하는 것이다. 물론 이 모든 상황은 가짜였다.

실험에 참가한 100명의 피험자에게 실험 절차에 대한 설명을 서면으로 제공하고 어떻게 행동할 것인지 물었다. 그러자 약 86퍼센트의 피험자가 연구진의 요청에 따르지 않을 거라고 대답했다. 복종하지 않겠다는 이야기다. 일부 피험자는 연구진의 위법 행위를 지적하기도 했다. 그런데 실제 실험 결과는 달랐다. 피험자 100명 가운데 21명만 이 연구진의 요구에 불복종한 것이다. 남은 79명은 모니터의 지시에 따라 실험자 모집 공고문을 작성했다. 감각 박탈 실험에 찬성한다는 뜻이었다.

우리는 또 다른 집단을 대상으로 실험을 진행했다. 단일 변수를 바꿔 그것이 피험자의 행동에 끼치는 영향을 평가하려고 한 것이다. 통제 집단 조건과 비교할 때 다음의 경우 불복종 확률이 높아졌다.

- 다른 피험자(공모자)가 불복종한 경우
- 복종에 따른 대가가 큰 경우
- 연구진의 또 다른 비윤리적 요구에 반대한 적이 있는 경우

이처럼 불복종은 여러 변수에 따라 달라지는 특징을 지닌다. 통제 조건에서는 피험자들이 윤리적 이유로 불복종했지만, 다른 조건에서는 불복종의 동기가 그리 훌륭하지 못했다. 일반적으로 다수의 행동에 따르는 것으로 나타났기 때문이다. 더불어 복종한 사람에 비해 불복종한 사람은 권위에 대한 굴복, 개인과 집단에 대한 공격성, 사회적 관습의 수용 수준이 낮은 것으로 나타났다.

사회 질서가 유지되고 시스템이 제대로 돌아가려면 구성원의 순응과 복종이 필요하다. 하지만 우리에게는 시스템의 진화에 공헌할 의무가 있다. 그 의무를 이행하는 가장 가치 있는 도구가 바로 비판적 시선에서 비롯되는 불복종이다.

참고문헌

- P. Bocchiaro and P.G. Zimbardo, "On the dynamics of disobedience: Experimental investigations of defying unjust authority", *Psychology Research and Behavior Management* 10 (2017), pp. 219-229.

- S. Milgram, "Behavioral study of obedience", *Journal of Abnormal and Social Psychology* 67 (1963), pp. 371-378.

고정관념의 위협

- 필립 짐바르도 & 피에로 보키아로

Psicologia contemporanea, 263, 2017년 9~10월

어떤 집단에서 낙인찍히면 심리적으로 위축될 수밖에 없다. 종종 타인의 부정적 피드백이 편견 때문이라고 여기며 자존심을 지키는 사람도 있지만, 결코 유쾌한 경험은 아닐 것이다. 게다가 낙인은 곧 그 사람의 이미지에 대한 고정관념을 만들어낸다.

한 가지 예로 '제노바 사람은 인색하다'라는 고정관념이 있다. 이런 사회적 인식은 특별한 근거도 없을뿐더러 사실도 아니다. 하지만 제노바 사람은 이런 인식을 평생 감수해야만 한다.

실제로 미국의 흑인 심리학자 제임스 존스가 경험한 일이다. 어느 날 그가 ATM을 이용하기 위해 줄을 섰는데, 불현듯 자기 앞에서 기계를 사용하고 있는 한 여성이 시야에 들어왔다. 그 순간 제임스는 '앞에 있는 여성이 내가 강도로 돌변할까 봐 두려워하는 것은 아닐까?'라는 생각이 들었다. 물론 제임스는 강도가 될 생각이 전혀 없었지만 어떻게 하면 그녀를 안심시킬 수 있는지 고민하기에 이른다. 그녀가 아

무 생각도 하지 않을 수 있음에도 불구하고 이런 걱정이 뇌리를 스쳤다는 것이다(Jones, 1997, p. 262).

제임스의 경험은 공동체 안에 널리 공유된 사고방식이 개인의 정체성과 행동에 직접적 영향을 미친다는 사실을 일깨워준다.

특정 집단과 관련된 부정적인 고정관념이 활성화되면 그 안에 속한 사람은 즉각적으로 영향을 받는다. 이런 사실은 이미 여러 연구 결과를 통해 증명되었다.

'과제를 수행하는 능력=지적 능력'이라고 말한 뒤 실험을 진행하면 고정관념이 존재하는 집단에 속한 사람의 성과가 떨어지는 것을 관찰할 수 있다. 노인이나 흑인 또는 사회경제적 약자가 바로 그렇다. 다양한 여성 표본에서도 비슷한 결과가 나타났다. 표본 집단에게 '여자가 남자보다 수학에 약하다'라는 고정관념을 작동시키면 실제로 여성의 수학 점수가 떨어진다. 기술과 과학 분야에서 여성의 존재감이 약한 이유도 이와 무관하지 않다. '여성은 이과에 약하다'라는 광범위한 사회적 신념이 여성의 기술 습득을 방해하고 자기효용성을 떨어뜨리기 때문이다.

누구나 언제든 고정관념의 희생자가 될 수 있다(성별, 나이, 피부색은 물론이고 직업, 출신 지역, 성 지향성 등과 관련해서도). 이런 위협에 대처하고 싶다면 사회심리학 연구에서 나온 결과를 눈여겨볼 필요가 있다. 그중에서도 효과가 입증된 전략은 다음과 같다.

첫 번째, 집단 간의 차이보다 공통점에 집중한다. 두 번째, 집단을 바라보는 관점을 바꾼다. 집단에 대해 '공동의 목표를 가진 비슷한 사람으로 구성된 단체'가 아니라 다양하고 이질적인 개인의 집합으로 보아야 하는 것이다.

참고문헌

- J.M. Jones, *Prejudice and Racism* (New York: McGraw-Hill, 1997.)

- C.M. Steele, J. Aronson, "Stereotype threat and the intellectual test performance of African Americans", *Journal of Personality and Social Psychology* 69 (1995), pp. 797-811.

인터넷 시대의 성

- 필립 짐바르도 & 살바토레 시안시아벨라Salvatore Cianciabella,
Psicologia contemporanea, 259, 2017년 1~2월

컴퓨터와 스마트폰의 영향력은 절대적이다. 이 '충직한 동반자'가 없는 삶은 상상조차 하기 어렵다. 또 다른 '자기 확장'이라고 부를 수 있을 정도로 우리는 이 도구를 통해 타인을 감시하고 나 자신을 드러낸다. 이 정교하고 매력적인 물건은 하지 못하는 일이 거의 없다.

사람들은 자신이 물건을 소유한다고 생각하지만 실제로는 정반대다. 새로운 형태의 노예 탄생이기 때문이다. 대다수 사람이 스마트폰의 노예로 살아가는데 젊은 사람, 그중에서도 특히 남성은 더욱 위험하다. 문제는 우리가 그런 사실조차 인식하지 못한다는 데 있다.

젊은 남성들에게 컴퓨터와 스마트폰은 안전지대이자 가상세계로 향하는 문이다. 실제로 가상세계에서는 특별한 위협이 존재하지 않는다. 대인관계의 기술도 필요 없다. 모든 것이 쉽고 즉각적이며, 운이 좋으면 서비스를 공짜로 이용할 기회도 얻을 수 있다. 게다가 그곳에는 친구가 넘쳐난다.

어린 나이의 남성은 생애 첫 번째 '성 접촉'을 온라인에서 경험한다. 이는 감정과 감각이 빠진 성이다. 소년은 성기 크기부터 성행위 횟수 등 성에 관련된 정보를 인터넷에서 얻는다. 그리고 그것이 정상이고 일반적 기준이라고 생각한다. 그렇게 현실과 완전히 동떨어진 '성적 인간homo eroticus'의 모델을 내면화한다. 더 큰 문제는 따로 있다. 이렇게 성을 배운 남성은 여성도 같은 욕망을 가졌을 거라고 착각한다. 자신이 본 동영상에 나오는 여성과 일반 여성을 동일시하는 것이다.

덕분에 소년은 기본적인 의사소통을 연습하지 못한다. 여성에게 거절당할지도 모른다는 두려움과 위험을 감수할 기회도 없다. 청소년은 그렇게 사회적·관능적 문맹자가 되고 만다. 사이버 세계에 자기 자신을 가둬버리기 때문이다.

거절에 대한 두려움과 수줍음을 안고 성인이 된 남성은 현실에서 성을 체험할 때 혼란을 겪는다. 영상에서 봤던 남성과 스스로를 비교하면서 자신을 증명해 보이고 싶다는 욕구에 시달린다. 사랑과 즐거움이 밑바탕 되어야 하는 성적 교류가 그저 부수적인 현상에 지나지 않게 되는 것이다.

도대체 어떻게 해야 젊은 남성을 가상 세계의 늪에서 빠져나오게 할 수 있을까? 도대체 무엇을 해야 건강한 감정적·관계적 발달 과정을 경험하게 할 수 있을까? 이를 위해 사회는 어떤 영역에서 변화를 추구해야 할까?

결론부터 말하겠다. 답은 학교에 있다. 예나 지금이나 학교에서 이뤄지는 성교육은 너무 단순하다. 학교가 아이들의 성교육에 관심이 없으니 소년은 더욱 가상세계에 빠져들 수밖에 없다. 삶에서 가장 섬세하고 중요한 영역인 성을 소년에게 제대로 가르치고 안내하려는 노력이 제대로 이뤄지지 않고 있다는 말이다.

무엇보다 교사들이 지속적으로 학생과 성에 대해 토론할 필요가 있다. 교사들은 열린 마음으로 소년의 호기심과 의구심에 귀를 기울여야 한다. 이런 시간을 어쩌다 벌이는 이벤트가 아니라 규칙적으로 만들 필요가 있다. 사이버 공간에서 배운 그릇된 성에 대한 관념이 우리 아이들의 행복뿐 아니라 미래 사회를 위협하고 있기 때문이다.

참고문헌

- P.G. Zimbardo and N.D. Coulombe, *Man (Dis)connected: How Technology has Sabotaged What it Means to Be Male* (London: Rider, 2015), also published as *Man, Interrupted: Why Young Men Are Struggling & What We Can Do About It* (Newburyport MA: Conari Press, 2016).

악인과 영웅

- 루카 마추첼리Luca Mazzucchelli의 필립 짐바르도 인터뷰
  유튜브 채널 'Psicologia con Luca Mazzucchelli'

몇 가지 질문을 하겠습니다.

TV나 신문에서 참수형에 처해진

전쟁포로의 사진을 보면 어떤 생각이 듭니까?

세계는 지금 수 세기 전으로 거슬러 올라가고 있습니다. 사람들을 공개적으로 처형하는 일이 빈번하게 벌어지고 있잖아요. 옛날에는 지금과 달리 사람을 공개적으로 참수하고 사형하고 고문으로 굴욕을 주는 게 일반적이었어요. 한 가지 예로 로마 콜로세움에서는 기독교인을 사자 밥으로 던져주었습니다. 인간의 고통에 무감각했던 시대이자 인간의 고통이 구경거리인 시대였죠. 오죽하면 검투사끼리 죽이는 걸 구경하기 위해 사람들이 돈을 냈겠어요. 다행히도 현대사회에서는 그런 비인간적 행태와 추악함을 찾아볼 수 없었습니다.

하지만 전 세계에 테러리즘이 부상하면서 상황이 크게 달라졌습니

다. 테러리스트들은 거리낌 없이 사람을 참수하는 사진과 동영상을 공개합니다. 얼마 전에는 개인이 누군가를 참수하고 그 현장을 페이스북에 올린 일도 있었죠. 이토록 끔찍한 일이 일어나리라고 그 누가 상상이나 했겠습니까! 지금 우리는 인간성 상실이라는 커다란 문제와 마주하고 있습니다.

테러리스트들은 자살 폭탄 테러가 신을 위한 일이라고 믿습니다. 이슬람교의 신은 알라입니다. 그들은 '알라신을 위한 일'이라는 말에 설득당해 무고한 여성과 어린아이, 이방인의 목숨을 빼앗습니다. 그런데 실제 이슬람교에는 그런 가르침이 없어요. 현대 사이비 종교 포교자들이 만들어낸 이야기일 뿐이죠.

요즘은 테러리즘의 의미, 악의 의미를 이해하는 것이 중요합니다. 테러리스트의 관점에서 보면 그들은 살인자가 아니라 조국의 선량한 사람을 구하려고 하는 애국자입니다. 방금 말씀드린 것처럼 관점의 문제인 거죠.

최근 등장한 테러 집단 ISISIslamic State of Iraq and Syria, 이슬람 무장단체는 알카에다, 하마스와 다릅니다. 그들은 소셜미디어를 총동원해 젊은 사람을 모집합니다. 지원자를 찾기 위해 트위터와 페이스북을 이용하는 것은 물론이고 자신들이 만든 미디어센터에 동영상을 업로드합니다. 외롭고 무지하고 소외된 사람을 유인하는 좋은 방법이죠.

이런 영향으로 2012년 이후 ISIS는 외국 전사 4,000명 이상을 모집했습니다. 그만큼 소셜미디어는 강력한 모집 도구입니다. 그들은 이제 독일, 프랑스, 영국을 겨냥하고 있습니다. 서구 사람이 반드시 알고 두려워해야 할 일이죠.

스탠퍼드대학교에서 테러리즘의 본질을 이해하려는 그룹에 속해 있었습니다. 그때의 경험을 말해 볼까 합니다. 한 가지 예로 팔레스타인에서 유대인을 규탄하는 집회가 열린다고 합시다. 젊은 남녀가 집회 장소로 몰려와서 "유대인을 죽여라!"라고 외칩니다. 테러리스트들이 이 좋은 기회를 놓칠 리 없겠죠. 그들은 목이 터져라 구호를 외치는 이들에게 접근합니다. 그리고 "정말로 그렇게 생각하는가? 반유대인 운동에 참여하겠는가?"라고 묻습니다.

이후 과정은 똑같습니다. 테러리스트들은 그들을 대상으로 자살 폭탄 테러를 훈련시키고 자살 폭탄으로 죽은 사람은 영웅이라는 사고방식을 주입합니다. "죽으면 너만 알라신의 오른손에 앉는 것이 아니라 가족 모두가 함께 앉을 것이다"라고 말하죠. 그리고 반다나를 두르고 총을 든 포스터를 만듭니다. 그들이 영웅이 되도록 말이에요.

하지만 알다시피 무고한 여성과 어린아이를 죽이는 일은 절대로 영웅적인 행동이 아닙니다. 오히려 반사회적이고 반인도적인, 그래서 지탄받아 마땅한 행위일 뿐이죠.

모든 사람이 특정한 상황에서 잔인해질 수밖에 없다고 여기나요?

이런 변화로부터 벗어날 수 있는 예방적 요소가 있을까요?

수십 년간 선량한 사람을 악하게 만드는 상황의 힘이 무엇인지를 연구했습니다. 분명 사람을 선에서 악으로 넘어가게 만드는 심리적 힘은 존재합니다. 그런데 어떤 상황에서도 그 부당함에 저항하는 사람 역시 10~20퍼센트 정도 있습니다. 저뿐 아니라 다른 연구자들도 비슷한 실험 결과를 얻었죠. 관련 연구를 보면 다수가 끔찍한 일을 저지르는 상황에서도 여기에 저항하는 소수가 항상 존재했습니다. 질문이 있다면 그런 사람의 특징이 무엇이고, 상황에 순응하는 사람과 그렇지 않은 사람에게 과연 어떤 차이가 있느냐 하는 거죠.

그럼에도 강력한 사회적 영향력에 저항하는 사람에 대한 연구는 본격적으로 이뤄진 게 없습니다. 상황에 굴복하는 경우가 더 흥미롭기 때문에 대부분의 연구가 그쪽에 집중되어 있죠. 우리는 선량한 사람을 악하게 만드는 방법은 알고 있습니다. 대표적으로 군대가 그렇죠. 모든 군대는 적을 죽이기 위한 훈련을 합니다. "네 목숨을 빼앗아갈 수 있으니 그전에 상대를 죽여야 한다"라고 말이죠. 그런데 적은 추상적 존재입니다. 타자죠. 적을 이해하고 그 대상에게 관심을 가지라고 훈련하는 군대는 없습니다. 이는 종교의 영역이기 때문이죠.

사실이 그렇습니다. 수 세기 전부터 종교라는 명분 아래 너무도 많은 사람이 죽었습니다. 십자군원정이나 종교재판 전부터 있어 왔던 일이죠. 지금은 이슬람 국가가 그렇고요. 만약 모든 종교가 신도들에게 "우리가 믿는 것 외에 나머지 종교는 다 가짜다"라고 가르치면 어떻게 될까요? 기독교든 이슬람교든 그 종교를 믿는 사람은 그렇지 않은 사람을 제거하는 게 자신의 임무라고 생각할 겁니다. 사실이 그래요. 처음에는 포교하려고 접근하지만 마음대로 되지 않으면 상대를 죽이는 일이 흔합니다.

윤리와 인간의 존엄성을 배워야 하는데, 너무나 많은 곳에서 정반대의 일이 행해지고 있습니다.

그렇다면 어떻게 해야 영웅으로 변할까요?

아주 멋진 질문이군요. 오랜 세월에 걸쳐 신학자, 극작가, 시인, 사회학자, 범죄학자 등 많은 사람이 악을 연구했습니다. 그들은 대부분 외부에서의 악을 연구했죠. 반면에 저는 교도소 실험을 통해 내부에서 악을 창조하고 싶었습니다.

내부에서 악을 창조하는 방법은 그리 어렵지 않았습니다. 선과 악의 경계를 넘나들게 하는 상황 조건을 만들면 되었죠. 익명일 때, 비인간적 환경에 놓여 있을 때, 규칙과 역할이 있을 때, 의상을 갖춰 입을 때, 모두가 같은 일을 할 때, 지시를 내리는 강력한 권위자가 있을 때 등이 바로 그것입니다.

우리는 어린 시절부터 좋은 사람과 나쁜 사람을 구분하는 경계가 존재한다고 교육을 받았습니다. 주로 종교와 학교 교육을 통해 그 경계는 고정되고 침범해선 안 되는 것이라고 배웠어요. 하지만 이는 사실이 아닙니다. 그 경계는 언제든 무너질 수 있죠. 아무리 착한 사람이라도 그릇된 유혹에 넘어갈 수 있고, 반대로 나쁜 사람도 얼마든지 긍정적인 방향으로 갱생될 수 있습니다.

우리 모두는 거대한 악을 행할 수 있는 능력과 거대한 선을 행할 수 있는 능력을 동시에 갖고 있습니다. 문제는 인간은 누구나 과거와 현재 상황에 지배를 받는다는 거죠. 만약 우리가 전쟁 지역이나 난민 캠프 또는 성매매를 하는 어머니 밑에서 성장했다면 자의적으로 무언가를 선택할 기회가 적었을 겁니다. 본능적으로 생존하기 위해 주변 사람이 하는 것을 그대로 따르려고 하겠죠. 이런 경향성을 바꾸고 싶다면 무엇보다 상황의 힘을 이해할 필요가 있습니다.

포토 갤러리

▲
퀸스의 정원 의자에 앉아 있는
4세 때 필의 모습(1937년)

◀
필의 부모님(1957년)

형제들과 노는 필(1942년)

뮤지컬 가족 모임(1944년)

캘리포니아주 노스할리우드로 이사(1947년)

브루클린대학교에서 육상부로 활동한 필(1950년)

예일대학교 연구실에서(955년)

예일대학교에서 박사 학위를 취득한 날(1959년)

스탠퍼드연구소에서 근무할 때의 모습(1969년)

크리스티나 마슬라흐와 함께(1972년)

생각에 잠긴 필(1975년)

미디어용 공식 사진(1975년)

TED 콘퍼런스 당시 기념물 앞에서(2008년)

동료이자 친구인 앨버트 반두라와 함께(2015년)

폴란드 만화가가 만든 Z티셔츠를 입고(2015년)

영화에서 자신의 역할을 맡은 배우 빌리 크루덥과 함께, 루시퍼 효과(2017년)

필립 짐바르도 자서전

2023년 1월 25일 1판 1쇄 인쇄
2023년 2월 1일 1판 1쇄 발행

지은이 | 필립 짐바르도
옮긴이 | 정지현
펴낸이 | 이종춘
펴낸곳 | BM (주)도서출판 성안당
주소 | 04032 서울시 마포구 양화로 127 첨단빌딩 3층(출판기획 R&D 센터)
10881 경기도 파주시 문발로 112 파주 출판 문화도시(제작 및 물류)
전화 | 031)950-6367
팩스 | 031)955-0510
등록 | 1973.2.1. 제406-2005-000046호
출판사 홈페이지 | www.cyber.co.kr
ISBN | 978-89-315-5971-2 03590
정가 | 18,000원

이 책을 만든 사람들
책임 | 최옥현
교정 | 김미경
디자인 | 엘리펀트스위밍
국제부 | 이선민, 조혜란
마케팅 | 구본철, 차정욱, 오영일, 나진호, 강호묵
홍보 | 김계향, 박지연, 유미나, 이준영, 정단비
제작 | 김유석